Lehr- und Handbücher
der Finanzierung und Finanzmärkte

Herausgegeben von o. Universitätsprofessor
Dr. Otto Loistl

Bisher erschienene Werke:
Loistl, Kapitalmarkttheorie, 3. Auflage
Loistl · Betz, Chaostheorie, 3. Auflage

Chaostheorie

Zur Theorie nichtlinearer dynamischer Systeme

Von
o. Universitätsprofessor
Dr. Otto Loistl
und
Iro Betz

Dritte, ergänzte Auflage

R. Oldenbourg Verlag München Wien

Die Deutsche Bibliothek - CIP-Einheitsaufnahme

Loistl, Otto:
Chaostheorie : zur Theorie nichtlinearer dynamischer Systeme / von Otto Loistl und Iro Betz. - 3., erg. Aufl. - München ; Wien : Oldenbourg, 1996
(Lehr- und Handbücher der Finanzierung und Finanzmärkte)
ISBN 3-486-23813-2
NE: Betz, Iro:

Gesamtherstellung: WB-Druck, Rieden

ISBN 3-486-23813-2

Vorwort zur ersten und zweiten Auflage

Die analytische Strukturierung nichtlinearer dynamischer Systeme ist ein hochaktuelles Forschungsthema. Als Konzept aber sind solche Systeme bereits den Griechen bekannt gewesen. Hierauf deutet nicht nur der griechische Ursprung des Wortes Chaos hin.

Im Buch „Chaostheorie" wurde versucht, die vergleichsweise große Vielfalt von einschlägigen Ansätzen zu systematisieren und anschaulich darzustellen. Der formale Apparat wurde zugunsten graphischer Illustrationen und numerischer Beispiele reduziert. Damit soll das Buch auch für Leser verständlich werden, die primär an der ökonomischen Relevanz interessiert sind.

Auf Grund der regen Nachfrage und der geringen Zeit, die seit Erscheinen der ersten Auflage vergangen ist, wurde der vorliegende Text lediglich kritisch durchgesehen.

INHALTSVERZEICHNIS

Abbildungs– und Tabellenverzeichnis

1. Einleitung

Noch vor wenigen Jahren hätten sich die meisten Wissenschaftler entschieden geweigert, den Begriff *"Chaos"* in ihr Fachvokabular aufzunehmen. Bestimmend war da noch das vom französischen Mathematiker Laplace im 18. Jahrhundert formulierte Weltbild, wonach der Verlauf aller Dinge vorhersagbar ist, wenn nur alle Anfangsbedingungen bekannt sind. Er schrieb:[1]

"Der momentane Zustand des Systems Natur ist offensichtlich eine Folge dessen, was er im vorherigen Moment war, und wenn wir uns eine Intelligenz vorstellen, die zu einem gegebenen Zeitpunkt alle Beziehungen zwischen den Teilen des Universums verarbeiten kann, so könnte sie Orte, Bewegungen und allgemeine Beziehungen zwischen all diesen Teilen für alle Zeitpunkte in Vergangenheit und Zukunft vorhersagen."

Diese auch als Laplacescher Dämon bezeichnete Aussage bildete eine der Hauptgrundlagen für wissenschaftliche Arbeit und sollte diese bis in die heutige Zeit beeinflussen. Selbst komplexeste Phänomene ließen sich offenbar — man mußte ja lediglich *alle* Zustandgrößen kennen — erklären. J. S. Mill schreibt weiter:[2]

The order of nature, as perceived at first glance, presents at every instant a chaos followed by another chaos. We must decompose each chaos into single facts. We must learn to see in the chaotic antecedent a multiple of distinct antecedents, in the chaotic consequent a multitude of distinct consequents."

In Mill's Aussage spiegelt sich ein zweiter zentraler axiomatischer Aspekt des klassisch-mechanistischen Weltbildes wieder: die Zerlegung komplexer Systeme in Sub- und Subsubsysteme bis zu einem Grad, an dem sie analytisch behandelbar sind, wodurch sich durch anschließende Summation der Teilsysteme das Verständnis des Gesamtsystems ergibt. Dieser methodische Kunstgriff hat sich bis heute in den verschiedenen Wissenschaften manifestieren können. Als eines der unzähligen Beispiele dieser Manifestation ließe sich beispielsweise die von A. Marshall eingeführte Partialanalyse in der Volkswirtschaftslehre anführen. Die Möglichkeit zur Zerlegung und Wiederzusammenfügung von Systemen bedingte allerdings eine von *linearem Charakter* geprägte Kopplung der entsprechenden Subsysteme. In den Wissenschaften hatte sich auf diesem Wege eine Weltanschauung etabliert, die das Ganze als die Summe seiner Teile verstand.

Zwar versetzte am Anfang des 20. Jahrhunderts die Einführung der Quantenmechanik diesem Weltbild einen "Knacks", zu einem Überdenken des alten Weltbildes entwickelte sich dieses vorerst jedoch nicht. Spielten sich doch alle

[1] *Laplace, P. S. (1776). Zitiert nach Crutchfield, J. P.; et al. (1987), S. 80*
[2] *Mill, J. S. (1843). Zitiert nach Ryan, A. (1987), S. 51*

mit Unschärfe und Unvorhersagbarkeit behafteten Vorgänge auf der mikroskopischen, der Teilchen-Ebene ab. Makroskopisch hingegen war ja alles noch in bester Ordnung, denn die Bahnen der Planeten etwa waren und blieben nach wie vor berechen- und vorhersagbar.

Seit einiger Zeit allerdings kündigt sich angeführt von den klassischen Naturwissenschaften eine gründliche Trendwende an, die mit neuen Argumenten am Laplaceschen Weltbild rüttelt. Immer häufiger erkennen Wissenschaftler auch nicht-naturwissenschaftlicher Diziplinen an, daß selbst alltägliche Erfahrungen dem so geliebten Bild der geregelten, übersichtlichen und vorhersagbaren Welt entgegenstehen. Daß z.B. Wettervorhersagen nur mit einer bestimmten und begrenzten Wahrscheinlichkeit zutreffen, ist hinlänglich bekannt. Der Fall des Sizilianers, der das Wetteramt Palermo bat, ihm beim Abpumpen der Wassermassen eines *"leichten Schauers"* aus seinem Keller behilflich zu sein, regt zum Schmunzeln an. Doch die eigentliche Kernaussage dieses Beispiels findet Ausdruck in der mittlerweilen als populärwissenschaftlich zu bezeichnenden Wortschöpfung des *"Schmetterlingseffektes"*, einer Bezeichnung, die von der Idee abgeleitet wurde, daß sich die durch den Flügelschlag eines Schmetterlings im molekularen Bereich ausgelöste Luftbewegung durch nichtlineare Rückkopplungen zu einem Wirbelsturm in Amerika verstärken und entwickeln kann. Eine "unendlich" kleine Ursache, die von einem Beobachter unbeachtet bleibt kann zu einer *anscheinend* nicht erklärbaren "rigorosen" Änderung des Gesamtsystemverhaltens führen.

Um derartige, in realen Systemen vielfach und von jedermann zu beobachtende Phänomene mit herkömmlichen linearen Gleichungen modellieren zu können, war es unumgänglich, ein Modellsystem von außen zu *"stören"*, da keines der vier bekannten Dynamikmuster linearer Gleichungen — oszilliered & stabil, oszillierend & explosiv, nichtoszillierend & stabil, nichtoszillierend & explosiv — ein solches Verhalten aus sich selbst heraus abzubilden vermochte.[3] Aus dem Umkehrschluß wurden unerwartete Entwicklungen von untersuchten Prozessen dem Zufall bzw. äußerlichen also exogenen Schocks zugeschrieben, womit der lineare Modellierungsansatz in sich geschlossen zu sein schien. Doch genau diese Annahme der ein globales Gleichgewicht implizierenden Linearität wird in zunehmendem Maße von Wissenschaftlern verschiedenster Diziplinen in Frage gestellt, wobei sie sich weitestgehend auf die beeindruckenden Forschungsergebnisse der letzten 15–20 Jahre des Gebiets der nichtlinearen Dynamik stützen.

Das Zulassen von *Nichtlinearität* in Modellgleichungen hat eine schillernde Vielfalt neuer möglicher dynamischer Bewegungsmuster aufgezeigt. Dazu gehören auch

[3] *So befindet sich z.B. das Wirtschaftssystem in Box-Jenkins Zeitreihenmodellen in einem Gleichgewicht, das permanent durch exogene Schocks gestört wird.*

jene Bewegungsmuster, die früher eben nur durch den Einfluß exogener Störterme erzeugt werden konnten. Selbst die deterministischen Lösungspfade einfachster nichtlinearer dynamischer Systeme können bereits alle Charkteristika stochastischer Prozesse bzw. wirklichkeitsnaher Zeitreihen aufweisen.[4] Dieses offenbart bereits eine erste bemerkenswerte Erweiterung. Die Zulassung von nichtlinearen Modellstrukturen ermöglicht es offenbar, irreguläre Entwicklungen einzelner Systemgrößen *endogen* zu erklären, ohne dabei auf exogene stochastische Argumente zurückgreifen zu müssen. Es ist dabei das besondere Verdienst der Chaostheorie gezeigt zu haben, daß vollständig determinierte Systeme ein Verhalten erzeugen können, das in keinster Weise regulär erscheint. Dieses Resultat impliziert, daß irreguläre Fluktuationen nicht notwendigerweise Auswirkungen exogener Schocks sind, sondern zur inneren Natur von nichtlinearen dynamischen Systemen gehören können.

Die erratisch erscheinenden bzw. chaotischen Lösungspfade sind dabei vollständig determiniert, was bedeutet, daß zu einer vorgegebenen Anfangsbedingung eine eindeutige Lösung existiert. Die sich ergebende Vorausbestimmung impliziert jedoch nicht in jedem Fall Vorhersagbarkeit, denn bei chaotischen Systemen kommt es zum Verstärken von Meßfehlern. Da aber auch im chaotischen Fall die Entwicklung durch feste Vorschriften bestimmt wird, spricht man von *deterministischem* Chaos. Wenn aber eine präzise langfristige Vorhersage über den zukünftigen Zustand des Systems nicht möglich ist, so haben dennoch die bisherigen Ergebnisse der Chaostheorie eindrücklich belegen können, daß sich Systeme, die deterministisches chaotisches Verhalten zeigen, durch eine Zahl von invarianten Maßen charakterisieren lassen. In der nachfolgenden Arbeit soll eben diesen Maßen, die sich zur Beschreibung chaotischer Systemzustände als besonders geeignet erwiesen haben, besondere Beachtung geschenkt werden.

Ein weiterer in dieser Arbeit zu behandelnder Aspekt ist eng mit den zuvor angesprochenen Maßen verbunden. Lassen sich aus den chaotischen Lösungspfaden des Zustandsraumes invariante Maße ableiten, so ist daraus ein Hinweis auf tieferliegende Strukturen ableitbar. Die Chaostheorie hat nun eindrücklich gezeigt, daß sich chaotische Systeme im Gegensatz zu rein stochastischen Systemen eben durch solche Strukturen charakterisieren lassen. Die Eigenschaft, daß sich ein dynamisches System trotz scheinbar erratischen Verhaltens im Zeitbereich im Phasenraum nicht auf den diffusen Punktwolken Brown'scher Bewegung, sondern auf systemcharakteristischen Gebilden, den sogenannten *"seltsamen"* At-

[4] *Bunow & Weiss (1979) zeigen, daß ein einfaches deterministisches, durch einen Zelt-Prozeß erzeugtes Modell Zeitreihen, Autokorrelationfunktionen und Dichtespektra erzeugt, die nicht von denen einer (Pseudo–)Zufallszahlenreihe unterscheidbar sind.*

traktoren aufhält, hat dazu beigetragen, von *Ordnung* im Chaos zu sprechen. Weitere Unterstützung erhielt diese Auffassung durch die Erkenntnis, daß nicht nur das chaotische Verhalten selbst, sondern auch die Entwicklung in oder aus dem Chaos von charakteristischen Strukturen, d.h. einer gewissen Systematik geprägt ist. Damit widerspricht aber diese Erkenntnis den eingefahrenen linearen Denkschemata, die erratisches Verhalten in ihrer Gesamtheit als unstrukturiertes und damit keine auswertbare Information enthaltendes Verhalten verstehen. Daß nun chaotisches Verhalten Struktur enthält, und dieses Verhalten mit neuentdeckten Konstanten und Maßen beschrieben werden kann, daß Ordnung aus Chaos entsteht und Ordnung wieder zu Chaos verfallen kann und dieses entlang charakteristischer Pfade stattfindet, und daß dies nicht nur eine Erfahrung ist, sondern etwas, was aus der Mathematik heraus verstanden werden kann, ist eine durchweg neue Erkenntnis. Daß die wirkliche Welt nicht zweidimensional oder dreidimensional ist, sondern gebrochene Dimensionen haben kann, daß sie sich jetzt nicht nur in einer einfachen Determiniertheit zutreffend beschreiben läßt, sondern in der Vielfalt der möglichen Entwicklungen, gehört ebenfalls zu dieser neuen Erkenntnis, die zu einer Vielzahl von Untersuchungen geführt hat.

Beispiele für Forschungaktivitäten und -fortschritte auf dem Gebiet der nichtlinearen Dynamik gibt das Spektrum der veröffentlichten Literatur. Die neuerliche Suche nach deterministischen Erklärungen des Systemverhaltens umfaßt Phänomene wie Turbulenzen in Flüssigkeiten, Verhalten von Tier- und Pflanzenpopulationen, Gehirnwellenverhalten, thermische Konvektionen, Verhalten des Klimas über die Jahrhunderte, chemische Reaktionssysteme, Sonnenfleckenaktivitäten, nichtlineare Interaktion von Wellen im Plasma, Festkörper- und Teilchenphysik, chaotisches Verhalten von Lasern, Selbstgenerierung des Erdmagnetfeldes usw., in anderen Worten also Phänomene, die bisweilen als von Natur aus stochastisch und theoretisch nicht modellierbar golten.[5]

Ungeachtet der Tatsache, daß *deterministisches* Chaos zum ersten Mal erst 1983 in einer experimentellen Beobachtung nachgewiesen werden konnte, hat sich die Überzeugung durchgesetzt, daß niedrig-dimensionales Chaos eher den Regelfall als die Ausnahme in der Natur darstellt. Man hat begonnen zu verstehen, daß sich *lebende* Systeme fern des durch Linearität implizierten Gleichgewichts aufhalten, ja daß der Zustand eines globalen Gleichgewichts sogar letale Folgen für ein dynamisches System haben kann.[6] Peters faßt wie folgt zusammen:[7]

"The moon is in equilibrium. The moon is a dead planet"

---

[5] *Zur Übersicht dieser Literatur vgl. z.B. Cvitanović, P. (1984), Hao, B.-L. (1984) und (1990), Gerok, W. (1989)*

[6] *vgl. z.B. Gerok, W. (1989), S. 27 f.*

[7] *vgl. Peters, E. (1991), S. 4*

Gerok differenziert folgendermaßen:[8]

Doch entspricht dieses Bild von streng determinierten und daher starr geordneten Systemen nicht der Wirklichkeit. ... In der Wirkichkeit unterscheiden sich lebende Systeme von den reduktionistischen Modellen in vier Punkten:

- *Sie besitzen einen hohen Grad der Komplexität durch Vernetzung der Prozesse und Kausalketten.*
- *Es sind offene Systeme, die im Gegensatz zum künstlich isolierten Teilprozeß fortwährend Materie, Energie und Informationen aufnehmen und abgeben.*
- *Die in lebenden Systemen ablaufenden Reaktionen befinden sich meist nicht im, sondern fern vom Gleichgewicht. Auch sind viele Reaktionen irreversibel.*
- *Bei ... Reaktionen in lebenden Systemen sind Reaktionsschleifen die Regel. ... Die Kinetik solcher Reaktionen ist nicht mit linearen Differentialgleichungen zu beschreiben.*

Auch die Strukturen der modernen Gesellschaft und ihrer Institutionen sind offene Systeme mit irreversiblen Prozessen, vernetzten Kausalketten und vielfachen Rückkopplungsschleifen; daraus resultieren die Aufhebung der starken Kausalität und die Möglichkeit chaotischer Reaktionen.[9]

Dynamische Systeme dieser Art beeinhalten jedoch fast zwangsläufig zwei wesentliche Eigenschaften: zum einen *Nichtlinearität* der Systemgleichungen und zum anderen die *Verkoppelung* bzw. Wechselwirkung von Parametern und Variablen des Systemes untereinander. Eigenschaft solcher Systembeschreibungen ist, daß sie im Gegensatz zu den herkömmlichen *linearen* Modellbeschreibungen nicht auseinander- und wieder zusammengesetzt werden können ohne das Informationen über das System verloren gehen. Diese Ablösung vom additiven Überlagerungsprinzip ist ein weiteres Charakteristikum chaotischer Verhaltensmuster, an dessen Stelle ein im nachfolgenden näher zu erläuterndes multiplikatives Prinzip tritt; das der *Selbstähnlichkeit* bzw. Skaleninvarianz.

Dennoch wird der klassische reduktionistische Ansatz, d.h. die Untersuchung einzelner Prozesse und Strukturen unter vereinfachten Bedingungen damit nicht obsolet, sondern bleibt weiterhin unerläßlich. Man muß die Bausteine kennen, um den Aufbau eines komplexen Ganzen erfassen zu können. Aber eine umfassende Erklärung der Phänomene auf diesem reduktionistischen Weg — und darauf deuten nicht zuletzt die bisherigen Ergebnisse der Chaostheorie hin — ist nicht erreichbar. Das Ganze als komplexes System hat mehr Eigenschaften und Fähigkeiten als seine einzelnen Elemente. Mit anderen Worten:

Das Ganze ist mehr als die Summe seiner Teile.

[8] *Gerok, W. (1989), S. 22*
[9] *vgl. Gerok, W. (1989), S. 39*

2. Starkes und schwaches Kausalitätsprinzip

Bevor auf die Chaostheorie im eigentlichen Sinne eingegangen werden soll, scheint es angebracht, sich mit zwei Prinzipien auseinander zu setzen, deren unbezweifelte, axiomatische Koexistenz einer der fundamentalsten Grundpfeiler nahezu aller Wissenschaften schlechthin ist.

War es in einigen Kulturen des Altertums noch gang und gebe sich mit Menschenopfern das Wohlwollen der Sonne zu erhalten, so würde in heutiger Zeit derjenige, der verkündet, die Sonne werde auch morgen wieder aufgehen, wohl kaum als Hellseher oder Prophet bezeichnet werden.

Der entscheidende Auslöser dieser Entwicklung war die Durchschauung der Himmelsmechanik, also die Erkenntnis, daß die Natur Gesetzmäßigkeiten unterliegt, mit deren Aufdeckung eine präzise Berechnung von Sonnenauf- und -untergängen möglich wurde. Und so entstand ein aus abstrakten mathematischen Formeln bestehendes Orakel, das mit nie zuvor erreichter Präzision und Zuverlässigkeit vermeintlich Fragen an die Zukunft zu beantworten vermochte. Bis heute wird an diesem Orakel gearbeitet, es gepflegt und wenn nötig erweitert. Vollkommen unkritisch wird dabei unbewußt das Grundprinzip dieses Orakels — das der Kausalität — in die Wissenschaften übernommen.

2.1 Das schwache Kausalitätsprinzip

Kausalität bedeutet zunächst die Verkettung von Ursache und Wirkung. Was immer geschieht, ist auf eine Ursache zurückzuführen, und umgekehrt bestimmt eine Ursache eindeutig die Wirkung. Impliziert man der Kausalität eine zeitliche Dimension, so läßt sich jedes Ereignis auf eine Ursache in der Vergangenheit zurückführen. Umgekehrt folgt, daß jede Ursache eine genau bestimmte Wirkung in der Zukunft hat.

Kennt man den Ist-Zustand eines Systems sowie die Einflüsse, denen es unterworfen ist, so läßt sich seine zukünftige Entwicklung voraussagen. Ein System, das wiederholt unter den genau gleichen Bedingungen gestartet wird, wird sich jedesmal in gleicher Weise verhalten. In anderen Worten haben also gleiche Ursachen gleiche Wirkungen. Jedoch können über dieses Prinzip keine Aussagen darüber gewonnen werden, wie stark kleine Änderungen der Ursachen die Wirkung beeinflussen. Insofern wird durch dieses Prinzip auch lediglich eine nur recht schwache Forderung aufgestellt. Demzufolge wird dieses Prinzip, das besagt:

"*Gleiche* Ursachen haben *gleiche* Wirkung"

auch als das schwache Kausalitätsprinzip bezeichnet. Das schwache Kausalitätsprinzip stellt als solches jedoch, wie schon angemerkt, keine hinreichenden Bedingungen im wissenschaftlichen Sinne bereit, um Gesetzmäßigkeiten im üblichen, klassischen Sinne zu entdecken.

2.2 Das starke Kausalitätsprinzip

Oberstes Gebot für ein gültiges Experiment ist seine Reproduzierbarkeit. Es muß bei jeder Wiederholung unter denselben Bedingungen dasselbe Resultat liefern. *Exakt* identische Wiederholungen eines Experiments sind jedoch grundsätzlich unmöglich. Die Genauigkeit hat immer eine Grenze, womit winzige Spielräume unvermeidlich werden.[10] Eine Größe genauer zu messen, als es die Ungenauigkeiten bei der Durchführung eines Experimentes ermöglichen, scheint paradox. Jedoch sollten die Fehler eines Meßergebnisses in derselben Größenordnung wie die Ungenauigkeiten der experimentellen Bedingungen liegen, sie sollten ihnen "ähnlich" sein. Reproduzierbarkeit beruht also auf einem viel stärkeren Kausalitätsprinzip:

"*Ähnliche* Ursachen haben *ähnliche* Wirkungen"

Dieses "starke" Kausalitätsprinzip schließt das schwache ein, geht jedoch entscheidend darüberhinaus. Das schwache Kausalitätsprinzip ordnet genau einer Ursache genau eine Wirkung zu. Fragen an eine Beziehung zwischen Ursache-Wirkungs-Verbindungen, ausgehend von verschiedenen Ursachen, läßt es hingegen völlig offen. Darüberhinausgehend fragt nun das starke Kausalitätsprinzip danach, wie sich ähnliche Ursachen entwickeln. Es stellt die Forderung auf, daß sich Ursachen aus der Umgebung eines bestimmten Ursachepunktes auch in der Umgebung des ihm zugeordneten Wirkungspunktes wieder einfinden. Dieser Sachverhalt sei an den folgenden Abbildungen verdeutlicht.

[10] *Es sei angemerkt, daß quantentheoretisch begründet sogar eine grundsätzliche Grenze für die erreichbare Meßgenauigkeit besteht.*

Eine Verletzung dieses starken Kausalitätsprinzips mutet geradezu grotesk an: Würde ein Bogenschütze auch nur minimal von der optimalen Bogenstellung und -spannung, die notwendig wäre, um ins Schwarze zu treffen, abweichen, so müßte sein Pfeil in alle möglichen Himmelsrichtungen fliegen. Das starke Kausalitätsprinzip wird jedoch in diesem Falle nicht verletzt, und so trifft der Schütze bei geringfügiger Abweichung zuerst noch weiter ins Schwarze, dann in den nächsten Ring und so weiter. Je genauer er die optimalen Bedingungen einhält, desto genauer trifft er.

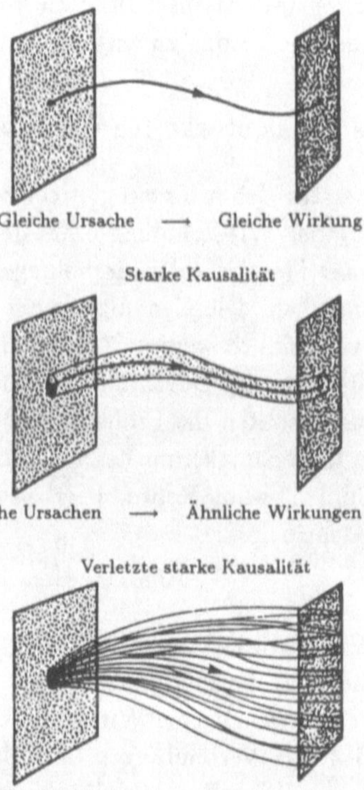

Abbildung 2.1

Dieses scheinbar so trivial anmutende starke Kausalitätsprinzip wurde bedenkenlos als Axiom in die klassisch-deterministische Mechanik integriert. Konnte denn ein in alle möglichen Richtungen fliegender und somit das starke Kausalitätsprinzip verletzender Pfeil ein eindeutiges Bewegungsgesetz in sich bergen? Nicht-reproduzierbare Messungen wurden, in der Hoffnung sie später durch bessere Methoden und tiefere Einsicht in bis dahin noch nicht geklärte Zusammenhänge erklären zu können, beiseite gelegt. Eine mögliche Verletzung des starken Kausalitätsprinzips wurde jedoch immer ausgeschlossen. Erst J. C. Maxwell wies 1876 auf die Problematik des starken Kausalitätsprinzips hin:[11]

"Es gibt einen oft zitierten Satz, welcher lautet: Dieselben Ursachen bringen immer dieselben Wirkungen hervor. Um diesen Satz verständlich zu machen, müssen wir definieren, was wir unter denselben Ursachen und unter denselben Wirkungen verstehen; denn es ist klar, daß kein Ereignis je mehr als einmal stattfindet, so daß die Ursachen und Wirkungen nicht in allen Beziehungen gleiche sein können. ... Ein anderer Grundsatz, der mit dem zu Anfang zitierten nicht verwechselt werden darf, sagt: Ähnliche Ursachen bringen ähnliche Wirkungen hervor. Dieser Satz ist nur dann richtig, wenn kleine Veränderungen in

[11] *Maxwell, J. C. (1876), zitiert aus der deutschen Übersetzung (1981), S. 273*

dem Anfangszustande des Systemes nur kleine Veränderungen in seinem Endzustande zu Folge haben. Bei einer großen Anzahl von ... Phänomenen ist diese Bedingung erfüllt; aber es gibt Fälle, die anders sind, so wenn die Verrückung der Weichen einen Eisenbahnzug veranlaßt, in einen anderen hineinzurennen, statt seinen richtigen Weg einzuhalten."

Auch der französische Mathematiker Henri Poincaré stieß bei seinen Arbeiten über das Maß, um das die Bahn der Erde um die Sonne durch den Einfluß der anderen Planeten gestört wurde, auf die Möglichkeit verletzter starker Kausalität.[12] Er schrieb 1908:[13]

"Eine sehr kleine Ursache, die wir nicht bemerken, bewirkt einen beachtlichen Effekt, den wir nicht übersehen können, und dann sagen wir, der Effekt sei zufällig. Wenn die Naturgesetze und der Zustand des Universums zum Anfangszeitpunkt exakt bekannt wären, könnten wir den Zustand dieses Universums zu einem späteren Moment exakt bestimmen. Aber selbst wenn es kein Geheimnis in den Naturgesetzen mehr gäbe, so könnten wir die Anfangsbedingungen doch nur annähernd bestimmen. Wenn uns dies ermöglichen würde, die spätere Situation in der gleichen Näherung vorherzusagen — dies ist alles, was wir verlangen —, so würden wir sagen, daß das Phänomen vorhergesagt worden ist und daß es Gesetzmäßigkeiten folgt. Aber es ist nicht immer so; es kann vorkommen, daß kleine Abweichungen in den Anfangsbedingungen schließlich große Unterschiede in den Phänomenen erzeugen. Ein kleiner Fehler zu Anfang wird später einen großen Fehler zur Folge haben. Vorhersagen werden unmöglich, und wir haben ein zufälliges Ereignis."

Dennoch wurde eine Verletzung des starken Kausalitätsprinzips verworfen. Ein neuer unabhängiger Anstoß erfolgte 1963 durch den Physiker Edward N. Lorenz, der auf dem Gebiet der theoretischen Meteorologie mit seinem sehr vereinfachten Modell der Atmosphäre auf ein dynamisches Systemverhalten stieß, das

i. den Naturgesetzen zu gehorchen schien,
ii. dem schwachen Kausalitätsprinzip genügte, jedoch
iii. das starke Kausalitätsprinzip verletzte.

Es bedurfte jedoch mehr als einer weiteren Dekade, bis sich Wissenschaftler gegenüber dem verletzten starken Kausalitätsprinzip offen zeigten.[14]

---

12 *Ausgangspunkt seiner Überlegungen war die Entdeckung, daß deren zwar unendlich geringer Einfluß in langen Zeiträumen jedoch zu radikalen Änderungen der Bewegungsabläufe führen kann.*

13 *vgl. Poincaré, H. (1908), zitiert nach Crutchfield, J. P., et al. (1986), S. 48*

14 *Lorenz' Artikel "Deterministic Nonperiodic Flow" wurde Mitte der 60iger Jahre ungefähr einmal*

Wie im vorherigen Abschnitt bemerkt, war Lorenz auf eine Art von dynamischen Systemverhalten gestoßen, das das starke Kausalitätsprinzip verletzte, jedoch weiterhin dem schwachen genügte. Er selbst bezeichnete dieses Systemverhalten als "sensitiv von den Anfangsbedingungen abhängig".[15] Für die Verwendung in dieser Arbeit soll der Begriff der sensitiven Abhängigkeit von den Anfangsbedingungen jedoch insbesondere hinsichtlich der reibungslosen Integration mit anderen verwandten Verfahren[16] in Abschnitt 4.2.1.1 verschärft werden.

pro Jahr in wissenschaftlichen Zeitschriften erwähnt, zwei Jahrzehnte später ca. 100 mal pro Jahr; aus: Gleick, J. (1988), S. 323, Fußnote 31

[15] *vgl. Lorenz, E. N. (1963), S. 120 ff.*

[16] *insbesondere dem Konzept der Lyapunov-Exponenten*

3. Einführung notwendiger Grundbegriffe

Für die tiefere Behandlung des Phänomens "Chaos" ist es zunächst notwendig, einige Grundbegriffe dynamischer Systeme einzuführen und im gleichen Zuge Notationskonventionen für die nachfolgenden Ausführungen aufzustellen.[17]
Ein dynamisches System sei nachfolgend durch ein System von gewöhnlichen Differenzengleichungen

$$\boldsymbol{x}(t+1) = \boldsymbol{f}(\boldsymbol{x}(t))$$

oder durch ein System von gewöhnlichen Differentialgleichungen in der Form

$$\frac{d\boldsymbol{x}}{dt} \equiv \dot{\boldsymbol{x}} = \boldsymbol{F}(\boldsymbol{x})$$

gegeben. Dabei bezeichnen $\boldsymbol{x} \equiv (x_1, x_2, \ldots, x_n) \in \mathbb{R}^n$ und $\boldsymbol{F} \equiv (F_1, F_2, \ldots, F_n)$ und $\boldsymbol{f} \equiv (f_1, f_2, \ldots, f_n)$ reellwertige Funktionsvektoren mit $\mathbb{R}^n \rightarrow \mathbb{R}^n$. $\mathbb{R}^n$ bezeichnet einen n-dimensionalen euklidischen Vektorraum mit dem Skalarprodukt $(\boldsymbol{x}, \boldsymbol{y}) \equiv \sum_i x_i y_i$ und der Norm $|\boldsymbol{x}| \equiv (\boldsymbol{x}, \boldsymbol{x})^{\frac{1}{2}}$.

$\boldsymbol{x}(t)$ stellt den Zustand des Systems zur Zeit t dar, der im Falle von Differentialgleichungen durch $t \in \mathbb{R}$ und im Falle von Differenzengleichungen durch $t \in \mathbb{Z}$ definiert ist. Im zeitkontinuierlichen Fall sei angenommen, daß die Funktionen F_i $(i = 1, 2, \ldots, n)$ im $\mathbb{R}^n$ hinsichtlich aller Argumente x_i stetig differenzierbar seien. Dieses ist eine hinreichende Bedingung für die Existenz eindeutiger Lösungen zu einem beliebigen Anfangszustand. Bei gegebenem Anfangszustand folgt daraus eindeutig jeder zukünftige als auch vergangene Zustand eines dynamischen Systems. Man spricht infolgedessen auch von der *Determiniertheit* des Systems. Ist im zeitdiskreten Fall $\boldsymbol{f}$ nicht umkehrbar, so nennt man das dynamische System *halbdeterminiert.* Für die Zeit t folgt daraus $t \in \mathbb{Z}$. Hängen die Funktionen $\boldsymbol{F}$ bzw. $\boldsymbol{f}$ nicht explizit von der Zeit ab, so bezeichnet man das dynamische System als *autonom*, andernfalls als *nichtautonom.* Formal kann ein nicht-autonomes System durch Einführung der Zeit t jederzeit in ein autonomes System überführt werden.

Ein zeitdiskretes System bezeichnet man als lösbar, wenn es in die Form $\boldsymbol{x}(t) = \boldsymbol{f}^t(\boldsymbol{x}_0) \equiv \boldsymbol{f}^t\boldsymbol{x}_0$ überführt werden kann und somit zu jedem Anfangszustand $\boldsymbol{x}_0$ unmittelbar jeder zukünftige Zustand angegeben werden kann. Eine spezielle Lösung ordnet einem Anfangszustand $\boldsymbol{x}_0$ bei festem t einen eindeutigen Zustand $\boldsymbol{x}(\boldsymbol{x}_0, t)$ zu. Die gesamte Lösungsmenge ordnet demzufolge allen Anfangszuständen aus $\mathbb{R}^n$ nach der Zeit t neue Zustände zu. Man nennt eine solche Abbildung *Phasenfluß* auf dem *Phasenraum* $\mathbb{R}^n$. Einzelne Zustände im $\mathbb{R}^n$

[17] *Für die nachfolgenden Ausführungen bzw. eine tiefere Behandlung der Grundlagen nichtlinearer dynamischer Systeme vgl. Jetschke, G. (1989), S. 24 ff.*

erhalten die Bezeichnung *Phasenpunkte*. Variiert man unter Festhalten einer Anfangsbedingung $\boldsymbol{x}_0$ die Zeit t, so erhält man eine Lösungskurve des dynamischen Systems, die als *Trajektorie* oder *Orbit* des Flusses $\boldsymbol{f}^t$ zur Anfangsbedingung $\boldsymbol{x}_0$ bezeichnet wird.

In die Funktionen $\boldsymbol{f}$ bzw. $\boldsymbol{F}$ können Parameter $\boldsymbol{r} = (r_1, r_2, \ldots, r_n)$ mit $r_n \in \mathbb{R}$ eingehen. Der Phasenfluß $\boldsymbol{f}_{\boldsymbol{r}}^t$ hängt im Regelfall von diesen Parametern ab. Eine qualitative Änderung des Phasenflusses $\boldsymbol{f}_{\boldsymbol{r}}^t$ bei speziellen Werten r_i wird als *Bifurkation* bezeichnet.

3.1 Konservative Systeme

Viele der bedeutenden Entwicklungen auf dem Gebiet nichtlinearer dynamischer Systeme haben ihre Wurzeln in der Hamiltonschen Mechanik, einem klassischen Zweig der Physik, der sich mit konservativen Systemen beschäftigt. Für ein autonomes konservatives System gilt, daß das Volumen eines Volumenelementes im Phasenraum erhalten bleibt, was einer Energieerhaltung entspricht. Formalisiert bedeutet dieses, daß die Divergenz eines durch $\boldsymbol{F}$ im Phasenraum $\mathbb{R}^n$ aufgespannten Vektorfeldes gleich 0 ist.[18]

$$div\ \boldsymbol{F} \equiv \sum_{i=1}^{n} \frac{\partial F_i(\boldsymbol{x})}{\partial x_i} = 0 \ .$$

Ein Volumenelement $V(0)$ wird in konservativen Systemen unter der Wirkung eines Flusses $\boldsymbol{f}^t$ also höchstens deformiert, während dabei auf jeden Fall das Volumen als solches erhalten bleibt. Da jedoch in sozialwissenschaftlichen Prozessen mit Sicherheit davon ausgegangen werden darf, daß ein untersuchtes dynamisches System in ständigem Energieaustausch mit anderen Systemen steht, sollen konservative Systeme in dieser Arbeit nicht weiter betrachtet werden.[19]

3.2 Dissipative Systeme

Die in den Sozialwissenschaften untersuchten Systeme sind, wie schon bemerkt, üblicherweise dissipativer Natur und zählen daher zu den nicht-konservativen dynamischen Systemen. Eine der wichtigsten Eigenschaften dissipativer Systeme ist, daß sich ein Volumenelement des Phasenraums $\mathbb{R}^n$ unter der Wirkung des Flusses $\boldsymbol{f}^t$ zusammenzieht und schließlich der Volumeninhalt Null wird.[20] Nach

[18] *Dieses ist die Kernaussage des sog. Lioville-Theorems. Vgl. Eckmann, J.-P. (1981), S. 644.*

[19] *vgl. Lorenz, H.-W. (1989), S. 46 ff.*

[20] *Vorausgesetzt, daß dem dynamischen System keine neue Energie zugeführt wird.*

einem solchen *transienten* Übergang befindet sich der Systemzustand auf einem Attraktor, dessen Dimension kleiner ist als die des ursprünglichen Phasenraums.[21]

Dissipation impliziert jedoch nicht, daß das Phasenraumvolumen unendlich gegen Null strebt und sich der Systemzustand letztendlich immer auf einen Fixpunkt einfindet.

Wird als Raum für die Anfangsbedingungen der gesamte Phasenraum $\mathbb{R}^n$ zugelassen, so zieht sich der systemzugängliche Phasenraum im Mittel der Zeit auf einen niedriger dimensionalen Unterraum des $\mathbb{R}^n$ zusammen, d.h. daß sich die Zahl der zur Beschreibung der Dynamik notwendigen Zustandsvariablen reduziert.

3.3 Volumenkontraktion

Die Volumenänderungsrate, mit der sich die Größe eines infinitesimalen Volumenelementes an der Stelle $\boldsymbol{x} \in \mathbb{R}^n$ und der Wirkung eines Flusses $\boldsymbol{f}^t$ ändert, läßt sich wie folgt formalisieren:[22]

$$\varphi(\boldsymbol{x}) = div\ \boldsymbol{F} = \sum_{i=1}^{n} \frac{\partial F_i(\boldsymbol{x})}{\partial x_i} \quad .$$

Beachtenswert dabei ist, daß $div\ \boldsymbol{F}$ eine lokale Größe darstellt, die in Abhängigkeit von $\boldsymbol{x}(t)$ positive (expandierende) oder negative (kontrahierende) Werte annehmen kann. Die gemittelte Volumenänderungsrate $\overline{\varphi}$ ist entlang jeder Trajektorie, die zu einem Attraktor führt, negativ. Dieses entspricht der Annahme, daß unter dem Fluß $\boldsymbol{f}^t$ das Volumen in dissipativen Systemen kontrahiert, d.h. daß

$$div\ \boldsymbol{F}(\boldsymbol{x}) < 0 \qquad \text{für alle} \quad \boldsymbol{x} \in \mathbb{R}^n$$

ist. Im n-dimensionalen zeitdiskreten Fall ist die lokale Volumenänderung durch den Faktor $|det\ D\boldsymbol{f}(\boldsymbol{x})|$ für jeden Abbildungsschritt bestimmt. $D\boldsymbol{f}(\boldsymbol{x})$ bezeichnet dabei die Funktional- oder auch Jacobimatrix des Funktionsvektors $\boldsymbol{f}$. Die lokale Volumenkontraktion wird somit durch

$$\varphi(\boldsymbol{x}) = |det\ D\boldsymbol{f}(\boldsymbol{x})|$$

repräsentiert, die entlang jeder Trajektorie zu mitteln ist. Bei dissipativen Systemen muß der über die Punktfolge gemittelte Wert der Bedingung

$$|det\ D\boldsymbol{f}(\boldsymbol{x})| < 1 \qquad \text{für alle} \quad \boldsymbol{x} \in \mathbb{R}^n$$

21 *vgl. Kreutzer, E. (1987), S. 71*
22 *vgl. Eckmann, J.-P. (1981), S. 644*

entsprechen. Ohne an dieser Stelle tiefer auf die Eigenschaften von Lyapunov-Exponenten einzugehen, sei jedoch bereits hier die folgende mit den obigen Annahmen sich als konsistent erweisende Definition zur Unterscheidung dissipativer und konservativer Systeme vereinbart:[23]

- **Ist die Summe aller Lyapunov-Exponenten negativ, so handelt es sich bei dem untersuchten System um ein dissipatives System, andernfalls um ein konservatives.**

Auf diese Definition, d.h. den Zusammenhang von Lyapunov-Exponenten und Dissipation, wird im Rahmen von Kapitel 5.2 näher einzugehen sein.
Es soll jedoch an dieser Stelle festgehalten werden, daß dissipative Systeme überall dort auftreten, wo durch "Reibungsverluste" die Gesamtenergie des Systems abnimmt. Ein Beispiel solcher dissipativer Systeme sind alle irreversiblen Prozesse. Im Gegensatz zu konservativen Systemen sind nichtlineare dissipative Systeme von besonderem Interesse, da sie die Wechselwirkung komplizierter Systeme mit zwei in ihrer Wirkung konkurrierenden Klassen von Phänomenen beschreiben können:[24]

1. die Wechselwirkung, die die Korrelation zwischen Agenten vermindern, wobei die Agenten ihre Individualität beibehalten, und
2. die Wechselwirkung, die Agenten zu kollektivem, synergetischen Verhalten zwingen, welches zur "Selbstorganisation" von Systemen führt.

Klasse 1. steht dabei stellvertretend für die "bekannten" klassischen Gleichgewichte, Klasse 2. für Synergie- und Kopplungsphänomene.
Die komplizerten Interdependenzen in sozialwissenschaftlichen Prozessen und das Wissen um den ständigen Energieaustausch sozialwissenschaftlicher Phänomene untereinander rechtfertigen insofern die getroffene Annahme, daß die in den Wirtschaftswissenschaften vorherrschenden Prozesse fast ausnahmslos dissipativer Natur sind.[25]

---

[23] *vgl. Jetschke, G. (1989), S. 148*
[24] *vgl. Seifritz, W. (1987), S. 83*
[25] *vgl. auch Lorenz, H.-W. (1989), S. 48, S. 56 ff., S. 143 Fußnote.*

3.4 Attraktoren

Die nun zuvor beschriebene Volumenkontraktion in einem dissipativen System hat zur Folge, daß sich ein Volumen $V \subset \mathbb{R}^n$ unter der Wirkung eines Flusses im Regelfall auf einen Attraktor $\mathcal{A}$ niedrigerer Dimension zusammenzieht. Trajektorien $\boldsymbol{x}(\boldsymbol{x}_0, t)$ mit $\boldsymbol{x}_0 \in V \setminus \mathcal{A}$ bezeichnet man als *Transiente*. Transiente beschreiben also wie bereits angesprochen das Übergangsverhalten im Einzugsbereich des Attraktors.[26]

Um eine Formalisierung des immer noch nicht eindeutig geklärten Begriffes Attraktor einzuführen, ist zunächst eine Vorbemerkung notwendig.[27]

3.4.1 Definition von Grenzmengen

Fixpunkte sind aufgrund der Eigenschaft, stabiles Verhalten zu repräsentieren, ebenso wie periodische Lösungen von besonderer Bedeutung für die Untersuchung dynamischer Systeme. Bei chaotischem Verhalten sind darüberhinaus aber auch jene Punkte von Interesse, die immer wieder in eine beliebig kleine Umgebung von Fixpunkten zurückkehren.[28] Rekurrentes Verhalten dieser Art wird als *nichtwanderndes* Verhalten bezeichnet.[29] Eine Verallgemeinerung dieses Verhaltens stellt der Begriff der Grenzmenge dar.

Ein Punkt p wird unter der Wirkung eines Flusses $\boldsymbol{f}^t$ als nichtwandernd bezeichnet, wenn für jede Umgebung U von p ein beliebig großes $t > 0$ existiert, so daß gilt:[30]

$$\boldsymbol{f}^t(U) \cap U \neq 0 \quad .$$

Anderfalls wird der Punkt p als wandernd bezeichnet. Das Übergangsverhalten eines dynamischen Systems läßt sich durch wandernde Punkte kennzeichnen, während das Langzeitverhalten durch die nichtwandernden Punkte charakterisiert ist.[31]

26 *vgl. Eckmann, J.-P. (1981), S. 644*

27 *Es gibt bis heute keine allgemein anerkannte Definition von Attraktoren. J.-P. Eckmann (1981) schreibt auf S. 644: "... it should be kept in mind that there is no universal agreement about what the best definition should be." Eine ausführliche Beschreibung der Eigenschaften, die ein Attraktor erfüllen sollte, findet sich zusammen mit Definitionen und Beweisen bei Ruelle (1981). Zur Diskussion sei zusätzlich auf Cosnard und Demongeot (1985) sowie Milnor (1985) verwiesen.*

28 *Eine auf diese Eigenschaft aufbauende Definition von chaotischem Verhalten findet sich bei Marotto, F. R. (1978) und wird in Kapitel 4.2.2.1 beschrieben.*

29 *vgl. Kreutzer, E. (1987), S. 44*

30 *vgl. Kreutzer, E. (1987), S. 44*

31 *vgl. Kreutzer, E. (1987), S. 44*

Ein Punkt p wird als ω–Grenzpunkt von $\boldsymbol{x}$ bezeichnet, wenn auf der Trajektorie $\boldsymbol{f}^t$ Punkte $\boldsymbol{f}^t(\boldsymbol{x}_i)$ existieren, für die gilt:

$$\boldsymbol{f}^t(\boldsymbol{x}_i) \rightarrow p \qquad \text{mit } t \rightarrow \infty \;,\; i \in \mathbb{Z} \;.$$

Ein Punkt q wird als α–Grenzpunkt von $\boldsymbol{f}^t$ bezeichnet, wenn für $t \rightarrow -\infty$ eine solche Folge für $\boldsymbol{f}^t(\boldsymbol{x}_i) \rightarrow q$ existiert.[32] Die Menge aller α– und ω–Grenzpunkte von $\boldsymbol{x}$ werden in den α– bzw. ω–Grenzmengen zusammengefaßt.[33]

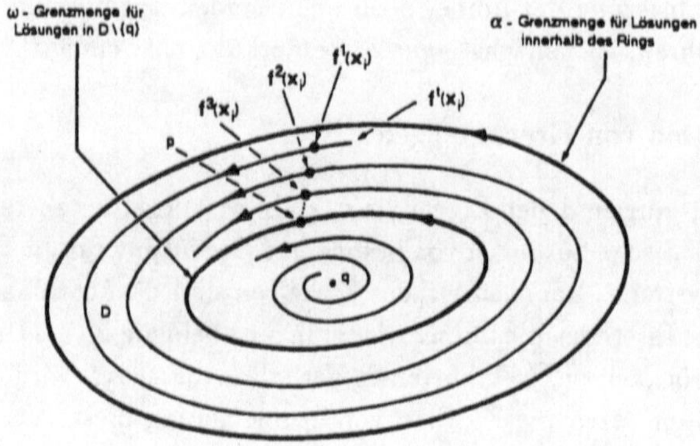

Abbildung 3.1 — α– und ω–Grenzmengen

Eine abgeschlossene invariante Menge $A \subset \mathbb{R}^n$ heißt *attraktive* Menge[34], wenn es eine Umgebung U von A gibt, so daß für alle $\boldsymbol{x} \in U$, $\boldsymbol{f}^t(\boldsymbol{x})$ für $t \geq 0$ und $\boldsymbol{f}^t(\boldsymbol{x}) \rightarrow A$ für $t \rightarrow \infty$ gilt.[35] Ist der Einzugsbereich von A durch $\mathbb{R}^n$ gegeben, so spricht man von einer *universellen* attraktiven Menge.[36] Die Menge $\bigcup_{t\leq 0} \boldsymbol{f}^t(U)$ wird als Einzugsgebiet bzw. Attraktionsgebiet (auch Bassin) von A bezeichnet.[37] Alle Orbits, die im Attraktionsbereich von A starten, enden wieder auf A.[38] Attraktionsbereiche von nicht zusammenhängenden Mengen schneiden sich notwendigerweise nicht, sondern werden durch die stabile Mannigfaltigkeit einer nichtattraktiven Menge getrennt.[39] Eine solche, zwei attraktive Bereiche trennende Mannigfaltigkeit erhält die Bezeichnung *Separatix*.

32 *vgl. Guckenheimer, J., Holmes, P. (1983), S. 34 f.*

33 *vgl. Guckenheimer, J., Holmes, P. (1983), S. 35*

34 *vgl. Eckmann, J.-P. (1981), S. 644*

35 *Die noch zu definierenden Attraktoren sind i. allg. nur Teilmengen von attraktiven Mengen und sollten daher nicht ihnen verwechselt werden.*

36 *vgl. Eckmann, J.-P., Ruelle, D. (1985), S. 623*

37 *vgl. Guckenheimer, J., Holmes, P. (1983), S. 35. Eckmann, J.-P., Ruelle, D. (1985), S. 622*

38 *Eine abstoßende Menge, bzw. vorgreifend erwähnt, das Komplement eines Attraktors — ein sog. Repeller — lassen sich durch Ersetzung von t durch $-t$ analog definieren.*

39 *vgl. Kreuzer, E. (1987), S. 45*

Nach diesen Vorbemerkungen soll nun der Begriff des Attraktors in Anlehnung an Eckmann definiert werden.

3.4.2 Definition von Attraktoren

Ein Attraktor eines Flusses $\boldsymbol{f}^t$ ist eine kompakte Menge $\mathcal{A}$ mit den folgenden Eigenschaften:[40]

1. $\mathcal{A}$ ist invariant unter dem Fluß $\boldsymbol{f}^t$, d.h. $\boldsymbol{f}^t(\mathcal{A}) = \mathcal{A} \quad \forall\ t$.
2. $\mathcal{A}$ besitzt eine offene Umgebung U, die sich unter dem Fluß $\boldsymbol{f}^t$ auf $\mathcal{A}$ zusammenzieht, d.h. $\lim_{t\to\infty} \boldsymbol{f}^t(U) = \mathcal{A}$.
3. Der Fluß von $\mathcal{A}$ ist wiederkehrend, d.h. daß $\mathcal{A}$ keine Untermenge besitzt, die transient ist.
4. $\mathcal{A}$ kann nicht in nichttriviale, kompakte, invariante Mengen zerlegt werden.

Das Einzugsgebiet oder Bassin von $\mathcal{A}$ läßt sich entsprechend den zuvor angestellten Überlegungen durch die offene Menge aller zugelassenen Anfangsbedingungen $\boldsymbol{x}_0$ definieren, für die gilt:

$$\lim_{t\to\infty} \boldsymbol{f}^t(\boldsymbol{x}) \in \mathcal{A} \quad .$$

Der Attraktor $\mathcal{A}$ ist offenbar eine ω–Grenzmenge aller Punkte des Einzugsgebietes (vgl. dazu Eigenschaft 2).

Der Attraktor ist also die Menge, gegen die schließlich alle von einer Umgebung U des Attraktors ausgehenden Trajektorien konvergieren.

3.4.3 Fixpunktattraktoren

Lange Zeit war das Hauptinteresse von (insbes. ökonomischen) Analysen der Stabilität eines dynamischen Systemverhaltens auf Fixpunkte $x_{t+1} = x_t = x^*$ gerichtet. Mit diesen sind zeitlich konstante Lösungen $\boldsymbol{x}(t) \equiv x_t$ verbunden, die stellvertretend für die Gleichgewichtslagen dynamischer Systeme stehen.
Ein Fixpunkt $\boldsymbol{x}^* = (x_1^*, \ldots, x_n^*)$ heißt *stabil* (im Liapunovschen Sinne), wenn es für alle $\vartheta > 0$ ein $\delta > 0$ gibt, so daß für die Lösungen $\boldsymbol{x}(t) = x(t, x(0))$ gilt:[41]

$$|\boldsymbol{x}(t) - \boldsymbol{x}^*| < \vartheta \quad \forall\ t \geq 0$$

für alle $x(0)$ mit:

$$|x(0) - \boldsymbol{x}^*| < \delta \quad .$$

[40] *vgl. Eckmann, J.-P. (1981), S. 644*
[41] *vgl. Jetschke, G. (1989), S. 42*

Ein stabiler Fixpunkt heißt *asymptotisch* stabil, wenn ferner gilt:

$$\lim_{t\to\infty} |\boldsymbol{x}(t) - \boldsymbol{x}^*| = 0 \;\; \forall \;\; x(0) \;\; \text{mit} \;\; |x(0) - \boldsymbol{x}^*| < \delta \quad .$$

Stabilität einer Lösung $\boldsymbol{x}(t)$ bedeutet somit, daß zu jedem Zeitpunkt $t \geq 0$ jeder beliebige Trajektorienpunkt einer anderen Lösung in einer hinreichend kleinen Umgebung des entsprechenden Trajektorienpunktes von $\boldsymbol{x}(t)$ liegt. Asymptotische Stabilität besagt darüberhinaus, daß alle anderen Lösungen des Systems gegen die asymptotisch stabile Lösung konvergieren, wenn sie dieser hinreichend nahe kommen.
Ein Gleichgewicht wird als *global* stabil bezeichnet, wenn zusätzlich zu den obigen Annahmen gilt:[42]

$$\lim_{t\to\infty} |x(0) - \boldsymbol{x}^*| = 0$$

im *gesamten* Definitionsbereich von $\boldsymbol{x}(t)$. Dabei ist anzumerken, daß einer Unterscheidung von lokaler und globaler Stabilität insbesondere bei nichtlinearen dynamischen Systemen besondere Bedeutung zukommt. Im Gegensatz zu linearen dynamischen Systemen impliziert lokale Stabilität bei nichtlinearen Systemen nicht zwangsläufig auch globale Stabilität.

3.4.4 Zyklische Attraktoren

Eine Trajektorie $\boldsymbol{x}(t)$ eines dynamischen Systems heißt geschlossene Bahn, wenn ein $t \neq 0$ existiert, so daß $\boldsymbol{f}^t(\boldsymbol{x}) = \boldsymbol{x}$ und $\boldsymbol{x}(t)$ kein Gleichgewichtspunkt ist. Handelt es sich bei dieser Bahn um einen Attraktor so spricht man von einem Grenzzyklus. Präzisiert lautet die Definition:

Eine geschlossene Bahn $\boldsymbol{x}(t)$ ist ein Grenzzyklus, wenn alle Lösungen des Systems, die durch Punkte einer Umgebung $U(\boldsymbol{x})$ verlaufen, gegen $\boldsymbol{x}(t)$ konvergieren, d.h.

$$\lim_{t\to\infty} d(\boldsymbol{f}^t(\boldsymbol{x})) = 0$$

mit d als der Distanz zwischen der Trajektorie und dem Grenzzyklus.

[42] *vgl. Jetschke, G. (1989), S. 60*

3.4.5 Torus–Attraktoren

In höherdimensionalen Systemen mit $n \geq 3$ sind wesentlich kompliziertere Attraktorstrukturen möglich. Dazu gehören sowohl die noch zu beschreibenden *"seltsamen"* Attraktoren wie auch die nachfolgend beschriebenen Tori.

Ausgangspunkt seien zwei unabhängige, zweidimensionale nichtlineare dynamische Systeme.

$$\dot{\boldsymbol{x}} = \boldsymbol{f}_1(\boldsymbol{x})$$
$$\dot{\boldsymbol{y}} = \boldsymbol{f}_2(\boldsymbol{y}) \quad \text{mit } \boldsymbol{x}, \boldsymbol{y} \in \mathbb{R}^2$$

Die Lösungen beider Systeme seien jeweils Grenzzyklen G_i, also eindimensionale Objekte in der Ebene.

Betrachtet man die gekoppelte Lösung beider Systeme, also die Bewegung der vier Variablen $\boldsymbol{x} = (x_1, x_2)$ und $\boldsymbol{y} = (y_1, y_2)$, so läßt sich als Lösung der gekoppelten Systeme ein Objekt darstellen, das ein Produkt der Grenzzyklen $G_1 \times G_2$ ist. Dieses Gebilde ist im vierdimensionalen Raum definiert und wird als zweidimensionaler Torus T^2 bezeichnet.

Die Bewegung auf dem Torus kann in Abhängigkeit der Schwingungsfrequenzen Ω_1 und Ω_2 von einfacher zu sehr komplizierter Bewegung reichen. Haken teilt die möglichen Bewegungen auf einem Torus wie folgt ein:[43]

- Gilt $\Omega_1 = \Omega_2$, so beschreiben beide Teilkomponenten eine geschlossene Trajektorie auf dem Torus.
- Gilt $\Omega_1 \neq \Omega_2$ mit $\Omega_1/\Omega_2 \in \mathbb{Q}$ z.B. 2, dann generiert der erste Oszillator 2 vollständige Zyklen, während durch den zweiten Oszillator erst ein einziger geschlossener Zyklus beschrieben wurde.
- Gilt $\Omega_1 \neq \Omega_2$ mit $\Omega_1/\Omega_2 \in \mathbb{R} \setminus \mathbb{Q}$, so kehrt die Trajektorie auf dem Torus nie an seinen Anfangspunkt zurück. Die Lösung des gekoppelten Systems wird durch die gesamte Oberfläche des Torus beschrieben. Eine solche Lösung wird als *quasi–periodisch* bezeichnet.

Dabei ist jedoch hervorzuheben, daß bei auf Tori verlaufenden Lösungen zwei beliebig "nah" beieinander startende Trajektorien sich im Zeitverlauf nicht voneinander entfernen, sie divergieren nicht. Tori, Grenzzyklen und Fixpunkten ist diese Eigenschaft gemeinsam, die sie als Klasse der "nicht–chaotischen" Attraktoren charakterisieren.

[43] *vgl. Haken, H. (1983), S. 28 f.*

3.4.6 Seltsame Attraktoren

Neben den vorstehend beschriebenen Attraktortypen existieren aber auch solche, auf denen nicht-periodische Bewegungen mit *sensitiver Abhängigkeit von den Anfangsbedingungen* stattfinden. Die Klasse der Attraktoren, die durch diese Eigenschaft gekennzeichnet sind, werden als *seltsame* oder auch chaotische Attraktoren bezeichnet. Grundlegendes Charakteristikum der seltsamen Attraktoren besteht also in der exponentiellen Divergenz benachbarter Trajektorien auf dem Attraktor.

Einer der wohl bekanntesten seltsamen Attraktoren geht auf das von Lorenz[44] angegebene Modell einer Konvektionsströmung zurück und ist in der nachfolgenden Abbildung gezeigt.

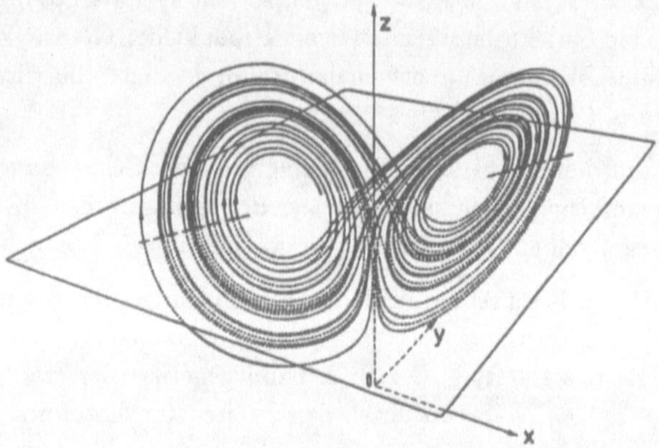

Abbildung 3.2 — Der Lorenz-Attraktor

Eine allgemein anerkannte und formal eindeutige Definition seltsamer Attraktoren ist bislang nicht erfolgt. Jedoch wird seltsamen Attraktoren gemeinhin übereinstimmend eine zentrale Eigenschaft zugeschrieben, die in dieser Arbeit in Anlehnung an Jetschke zur Definition dienen soll:[45]

- Ein chaotischer oder seltsamer Attraktor ist ein Attraktor mit einer sensitiven Abhängigkeit von den Anfangsbedingungen.

Sensitive Abhängigkeit läßt sich, wie in Kapitel 5.2 zu zeigen sein wird, durch das Vorhandensein von mindestens einem positiven Lyapunov-Exponenten nachweisen. Und so soll zum Abschluß dieses Kapitels auf den Abschnitt 5.2.2 ver-

[44] *vgl. Lorenz, E. (1963), S. 130 ff.*
[45] *vgl. Jetschke, G. (1989), S. 143*

wiesen werden, in dem das für die Chaostheorie zentral anzusehende Konzept der Lyapunov-Exponenten zur Charakterisierung aller vorstehend beschriebenen Attaktortypen herangezogen werden soll.

3.5 Qualitative Änderung von Attraktoren

Das Verhalten dynamischer Systeme hängt zumeist von Parametern ab. Änderungen in diesen Parametern können zu drastischen Veränderungen des Bewegungsverhaltens im Zeitbereich führen und somit qualitative Veränderungen von Attraktoren zur Folge haben.

Bezeichnet man mit r einen Parameter, der für den Charakter der Bewegung bestimmend ist, so läßt sich für die Lösung einer Zeitfunktion $\boldsymbol{x}(t) = \boldsymbol{f}_r^t(\boldsymbol{x}(0))$ schreiben, wobei r während der Berechnung der Phasentrajektorie $\boldsymbol{x}(t)$ konstant gehalten werden soll. Gewöhnlich wird angenommen, daß es einen Parameterwert r gibt, für den die asymptotische Bewegung des dynamischen Systems auf einfachen Attraktoren wie z.B. Grenzzyklen stattfindet.
Bei geringer Änderung des Parameters ändert sich die topologische Struktur des Attraktors "in der Regel" ebenfalls nur geringfügig. Überschreitet der Parameter r jedoch einen kritischen Wert r_1, so ändert sich die Struktur des Attraktors schlagartig. Diese schlagartige Änderung der Attraktorstruktur wird als *Bifurkation* bezeichnet.[46] Im folgenden werden kurz die drei wichtigsten Szenarien der qualitativen Änderung, d.h. Bifurkationsfolgen beleuchtet.

3.5.1 Periodenverdopplung

Eine häufig auftretende Art der Verzweigung ist die Heugabelbifurkation, die charakteristisch für periodenverdoppelnde Szenarien ist. Detaillierte Untersuchungen wurden von Feigenbaum[47], Großmann & Thomae[48] und Collet & Eckmann[49] durchgeführt.

Bei Heugabelbifurkationen ändert sich das Verhalten bei Änderung des Parameters r zunächst völlig stetig. Bis zu einem gewissen Parameterwert r_1 liegt z.B. ein stabiler Fixpunkt vor. Bei weiterem Anwachsen von r erfolgt an der Stelle r_1 eine Bifurkation, d.h. der stabile Fixpunkt wird, instabil und es entstehen zwei neue stabile Fixpunkte. Ein solches Fixpunktepaar ist ein Attraktor mit der Periode zwei bzw. ein stabiler Zweierzyklus. Dieser Zweierzyklus bleibt bis zu

[46] *vgl. Eckmann, J.-P. (1981), S. 646*
[47] *vgl. Feigenbaum, M. J. (1978), S. 25 ff.*
[48] *vgl. Großmann, S.; Thomae, S. (1977), S. 1353 ff.*
[49] *vgl. Collet, P.; Eckmann, J.-P. (1980)*

einem Wert r_2 stabil, an dem die zwei-periodische Lösung instabil wird und eine stabile vier-periodische Lösung auftritt. Dieses Verhalten setzt sich bis zu einem Wert r_∞ fort, an dem unendlich viele periodische Punkte vorliegen.

Der Länge der jeweiligen Intervalle $[r_n, r_{n+1}]$ mit periodischem Verhalten nimmt mit wachsenden n ab. Jedes Folgeintervall ist um einen Faktor δ kleiner als das vorhergehende. Dieser Wert wurde zuerst von Grossmann und Thomae[50] beschrieben. Wenig später konnte Feigenbaum[51] die Universalität dieser Konstanten für diskrete dynamische Systeme zeigen. Die Konstante δ läßt sich durch

$$\lim_{n\to\infty} \frac{r_{n+1} - r_n}{r_{n+2} - r_{n+1}} = \delta = 4,6692016091029...$$

beschreiben.[52] Bezeichnet d_n den Abstand des einen stabilen Fixpunktes des 2^n-Zyklus am Bifurkationspunkt vom nächstgelegenen, so läßt sich zeigen, daß sich die Abstände d_n mit wachsendem n in geometrischer Progression verringern.

$$\lim_{n\to\infty} \frac{d_n}{d_{n+1}} = \alpha = 2,5029078750957...$$

Diese Konstante wurde ebenfalls von Feigenbaum 1978 nachgewiesen.[53] Aufgrund des von Feigenbaum erbrachten Nachweises werden die beiden oben angesprochenen Konstanten auch als *Feigenbaumkonstanten* bezeichnet.

3.5.2 Hopf-Bifurkation

Die bekannteste Art der Bifurkationsszenarien ist die Hopfbifurkation. Charakteristisch für die Hopfverzweigung ist, daß mit Ausnahme eines Paares konjugiert komplexer Eigenwerte alle übrigen Eigenwerte negative Realteile besitzen. Überschreiten die Eigenwerte des konjugiert komplexen Paares

$$\lambda = \alpha(r) + i\beta(r)\ ,\ \bar{\lambda} = \alpha(r) - i\beta(r)$$

für einen Wert r_1 die imaginäre Achse, so daß $\alpha(r) \geq 0$ wird, so bifurkiert ein stabiler Fixpunkt in einen stabilen Grenzzyklus. Bei Überschreiten eines kritischen Wertes r_2 wird der Grenzzyklus instabil und geht in einen stabilen T^2-Torus über. Ruelle und Takens[54] wie auch Newhouse[55] haben gezeigt, daß bereits nach zwei Instabilitäten eine Bifurkation in einen seltsamen Attraktor folgt, d.h. chaotisches Verhalten zu beobachten ist.

[50] *vgl. Großmann, S.; Thomae, S. (1977), S. 1353 ff.*
[51] *vgl. Feigenbaum, M. J. (1978), S. 25 ff.*
[52] *vgl. Feigenbaum, M. J. (1978), S. 30*
[53] *vgl. Feigenbaum, M. J. (1978), S. 30*
[54] *vgl. Ruelle, D.; Takens, F. (1971), S. 178 ff.*
[55] *vgl. Newhouse, S. E. (1980), S. 35 ff.*

3.5.3 Sattelpunkt- oder Tangentenbifurkation und Intermittenz

Als letztes der in dieser Arbeit behandelten Szenarien sei die von Pomeau und Manneville erstmalig beschriebene Sattelpunktbifurkation dargestellt.[56] Charakteristisch für dieses Bifurkationsszenario ist, daß der Übergang zu turbulentem Verhalten von *intermittenten* Phasen gekennzeichnet ist. Intermittenz bedeutet, daß irreguläre Bewegungsphasen zeitweise durch reguläre Bewegungsphasen unterbrochen werden. Dabei steigt die Anzahl der irregulären Phasen in Abhängigkeit des Parameters r bis die Bewegung vollständig irregulär wird. Der Abschnitt der relativ regelmäßigen Bewegung wird als laminare Phase bezeichnet. Pomeau und Manneville definierten als zentrale Eigenschaft der Sattelpunktbifurkation das Verschmelzen eines stabilen Fixpunktes mit einem instabilen Fixpunkt bei einem Parameterwert $r = r_c$.[57] Nach der Sattelpunktbifurkation existiert kein stabiler Fixpunkt mehr.

Aus Abbildung 3.3 (links) ist ersichtlich, wie für $r > r_c$ der Kanal zwischen den Graphen entsteht und die laminaren Phasen entstehen (rechts). Obwohl sich ein dynamisches System zu diesem Zeitpunkt bereits in einem "chaotischem" Bereich befindet, kommt es beim Durchlaufen des Kanals zu regulär wirkenden Bewegungsmustern.

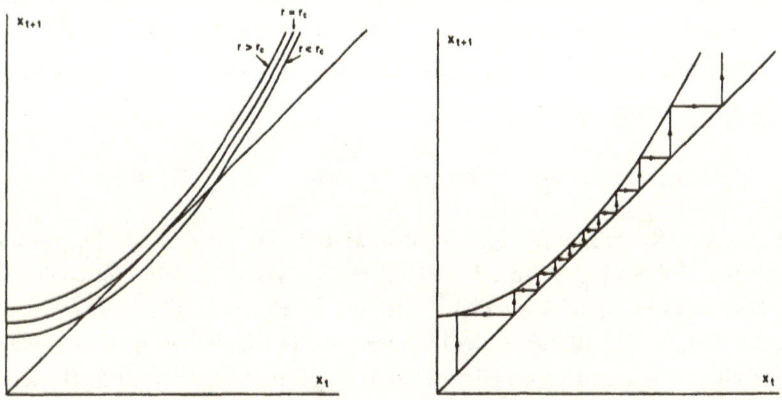

Abbildung 3.3 — Laminare Phase der Sattelpunktbifurkation

Das Verdienst Pomeau und Manneville's ist es, einen analytischen Zusammenhang zwischen der mittleren Dauer $\bar{T}$ der laminaren Phase und dem Kontrollparameter r hergestellt zu haben. Danach entwickelt sich die Länge der laminaren Phase

[56] *vgl. Pomeau, Y.; Manneville, P. (1980), S. 189 ff.*

[57] *vgl. Pomeau, Y.; Manneville, P. (1980), S. 189*

entsprechend dem Potenzgesetz:[58]

$$\bar{T} \simeq (r - r_c)^{-\frac{1}{2}}$$

Pomeau und Manneville unterteilen Intermittenz in drei verschiedene Kategorien, auf die jedoch in diesem Rahmen nicht weiter eingegangen werden soll.[59] Abschließend sollen die vorstehend grob skizzierten qualitativen Änderungen von Attraktoren in Anlehnung an Jetschke noch einmal kurz zusammengefaßt werden.

Die wichtigsten Wege zum Chaos sind:[60]

- Periodenverdopplung (Feigenbaum)
  Fixpunkt → Grenzzyklus → Periodenverdopplungen → Chaos
- Hopf-Bifurkation (Ruelle, Takens, Newhouse)
  Fixpunkt → Grenzzyklus → Torus → Chaos
- Intermittenz (Pomeau, Manneville)
  Fixpunkt → Grenzzyklus → Intermittenz = Chaos

3.6 Chaotisches Verhalten am Beispiel der logistischen Abbildung

Eine besonders einfache und dennoch in ihren dynamischen Verhaltensmöglichkeiten beeindruckende Modellabbildung ist die sogenannte *logistische Abbildung*, die 1976 von May einem breiten Publikum nahegebracht wurde.[61]

Hierbei handelt es sich um eine eindimensionale diskrete Abbildung im Intervall $[0,1]$ auf sich selbst:

$$x_{n+1} = f(x_n) = r \cdot x_n(1 - x_n) \quad \text{mit} \quad 0 \leq r \leq 4 \,,\, n \in \mathbb{Z}$$

Während der Kontrollparameter r konstant gehalten wird, wird die Variable x entsprechend der obigen Vorschrift iteriert und ergibt so eine Zeitreihe $\{x_n\}$. Funktionale Zusammenhänge dieser Art sind in viele Fachdisziplinen nachweisbar. So z.B. in der Biologie, wo Insekten existieren, die zu Beginn der kalten Jahreszeit sterben und deren nächste Generation im folgenden Frühjahr aus den Eiern schlüpft.[62] x_{t+1} ist dann beispielsweise als Individuendichte pro Flächeneinheit der $t+1$-ten Generation in Abhängigkeit der Individuendichte x_t, d.h. der

[58] *vgl. Pomeau, Y.; Manneville, P. (1980), S. 192*

[59] *vgl. Pomeau, Y.; Manneville, P. (1980), S. 190 ff.*

[60] *vgl. Jetschke, G. (1989), S. 170*

[61] *vgl. May, E. (1976), S. 459 ff.*

[62] *Die Restriktion "nicht-überlappender" Generationen ist aus dem funktionalen Zusammenhang her einfach erkennbar.*

Dichte der Vorgängergeneration interpretierbar. Für kleine Populationsdichten folgt aus dem funktionalen Zusammenhang der logistischen Abbildung ein nahezu exponentielles Wachstum. Unbegrenztes Wachstum wird jedoch durch den quadratischen Term verhindert. Externe Einflüsse auf das System, z.B. Umwelteinflüsse, seien im Parameter r zusammengefaßt. Der einzige die Systemdynamik beeinflussende Parameter ist dann offenbar r. Somit kommt der Untersuchung des dynamischen Verhaltens der logistischen Abbildung in Abhängigkeit von r zentrale Bedeutung zu.

Änderungen von r können dazu führen, daß sich das qualitative Verhalten der Zeitreihe bzw. des Orbits grundlegend ändert. Dieses soll im nachfolgenden durch geometrische Konstruktion veranschaulicht werden.

Zu einem beliebigen Startwert $0 < x_0 < 4$ wird, von der Abszisse ausgehend, auf dem eine umgekehrte Parabel beschreibenden Graphen der Funktion der zugehörige Funktionswert x_1 bestimmt. Durch Projektion auf die Winkelhalbierende wird x_1 von der Ordinaten auf die Abszisse übertragen und dient so wiederum als Input, um x_2 am Graphen ablesen zu können. Folgende Operationen werden also immer wieder durchgeführt:

1. vertikale Gerade an den Graphen,
2. horizontale Gerade an die Winkelhalbierende.

Für die Winkelhalbierende gilt $x_{t+1} = x_t$.
Durch entsprechendes Umstellen erhält man als Ergebnis der Fixpunktbestimmung 0 und $x^* = (r-1)/r$.[63] Eine Aussage über die Stabilität der Fixpunkte kann aus dem Absolutbetrag der ersten Ableitung gewonnen werden. Man erhält für die zuvor bestimmten Fixpunkte:

$$f_r'(0) = r \qquad \text{und}$$
$$f_r'(x^*) = 2 - r \quad .$$

Aus diesem Ergebnis läßt sich leicht folgern, daß der Fixpunkt 0 gerade dann instabil wird, wenn der zweite Fixpunkt x^* entsteht und stabil wird. Betrachtet man die Tatsache, daß ein Fixpunkt als stabil einzuschätzen ist, während er einen Bereich von -1 bis $+1$ durchläuft[64], so ergibt sich für x^* ein Stabilitätsbereich von $1 < r < 3$.
Trotzdem nun im Intervall $(1,3)$ der Parameter r kontinuierlich erhöht wird und damit auch x^* im Intervall $(0,2/3)$ kontinuierlich ansteigt, ändert sich das *qualitative* Verhalten des Systems nicht. Im Intervall $(1,3)$ ist x^* für alle Startwerte des Intervalls (0,4) ein stabiler Fixpunkt.

[63] *vgl. Tabor, M. (1989), S. 216*
[64] *vgl. Tabor, M. (1989), S. 218*

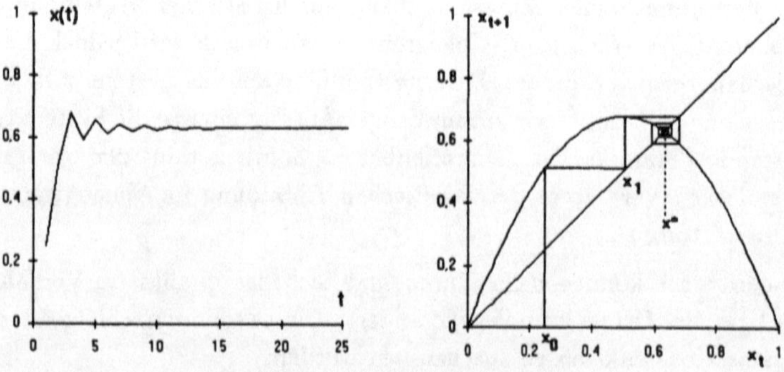

Abbildung 3.4 — Die logistische Gleichung für $r = 2,8$

Bei einem Parameterwert von $r = 3$ wird der Fixpunkt x^* instabil, und es entstehen zwei neue Fixpunkte, ein stabiler Orbit der Periode 2. Diese *Periodenverdopplung* ist ein Beispiel für eine Bifurkation: Es ändern sich die qualitativen Eigenschaften des Systems. Die beiden neuen Fixpunkte des 2-periodischen Orbits lassen sich durch Lösen der Gleichungen

$$x_2 = rx_1(1 - x_1)$$
$$x_1 = rx_2(1 - x_2)$$

bestimmen. Man erhält als Lösung:

$$x_{1,2} = 1 + r \pm \frac{\sqrt{r^2 - 2r - 3}}{2r}$$

Um den Bereich der Stabilität der gefundenen Fixpunkte zu prüfen, sei nachfolgend das Stabilitätskriterium explizit entwickelt.

Dazu seien mit $x_1, x_2, \ldots, x_p$ alle Punkte eines Zyklus der Periode p einer beliebigen ein-dimensionalen Abbildung $f : [0,1] \rightarrow [0,1]$ bezeichnet. Die Punkte seien desweiteren so geordnet, daß $f(x_i) = x_{i+1}$. Dann ist jeder Punkt x_i ein Fixpunkt von $f^p(x)$. Durch Anwendung der Kettenregel erhält man:[65]

$$\left.\frac{df^p}{dx}\right|_{x_i} = f'(x_1) \cdot f'(x_2) \cdots f'(x_p) = \prod_{j=1}^{p} f'(x_j) \quad \forall\ i = 1, \ldots, p$$

und somit

$$\left|\left.\frac{df^p}{dx}\right|_{x_i}\right| = \prod_{j=1}^{p} |f'(x_j)| \quad \forall\ i = 1, \ldots, p \quad .$$

[65] *vgl. Tabor, M. (1989), S. 218*

Daraus ergibt sich als Bereich in dem F_r^2 stabil ist:

$$-1 < r^2(1 - 2x_1)(1 - 2x_2) < 1 \quad .$$

Setzt man die bereits berechneten Fixpunkte x_1 und x_2 der logistischen Funktion in die vorstehende Gleichung ein, so läßt sich der Parameterbereich bestimmen, in dem x_1 und x_2 stabiles Verhalten zeigen:

$$3 < r < 1 + \sqrt{6} = 3,44949...$$

mit $df_r^2/dx|_{x_i} = 1$ bei $r = 3$ und $df_r^2/dx|_{x_i} = -1$ bei $r = 1 + \sqrt{6}$.

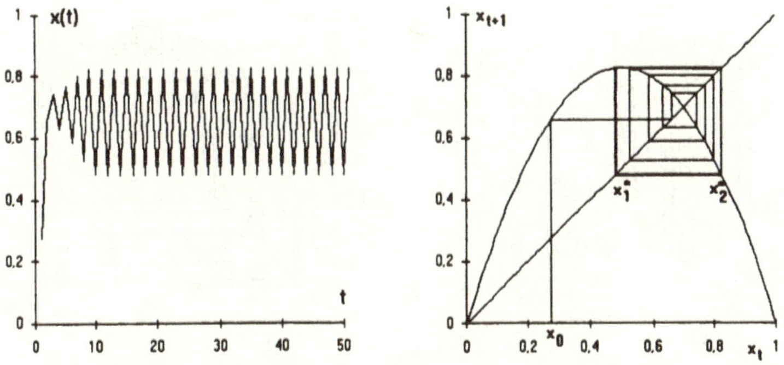

Abbildung 3.5 — 2-periodische Bewegung der logistischen Funktion bei $r = 3,25$

Bei $r = 1 + \sqrt{6}$ verlieren die Fixpunkte x_1 und x_2 ihre Stabilität, und es findet wiederum eine periodenverdoppelnde Bifurkation in einen Zyklus der Periode 4 statt. Die nachstehenden Abbildungen zeigen das 4-periodische Verhalten der logistischen Abbildung und eindruckvoll ∞-periodisches Verhalten für $r = 4$, das nachfolgend anzusprechen sein wird.

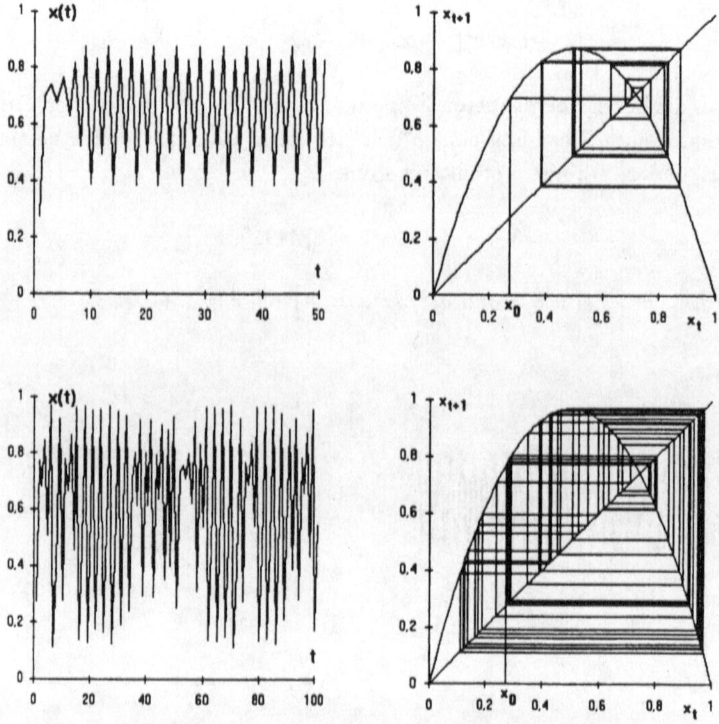

Abbildung 3.6 — 4-periodische Bewegung der logistischen Funktion bei $r = 3,5$ und ∞-periodisches Verhalten bei $r = 4$.

Die *Kaskade* periodenverdoppelnder Bifurkationen kulminiert in einem Punkt r_∞, in dem unendlich viele periodische Zyklen existieren. Abbildung 3.7 zeigt das Bifurkationsdiagramm der logistischen Abbildung für steigende r. Dabei wird der Wert der angelaufenen Punkte x in Abhängigkeit des Parameters r aufgetragen.

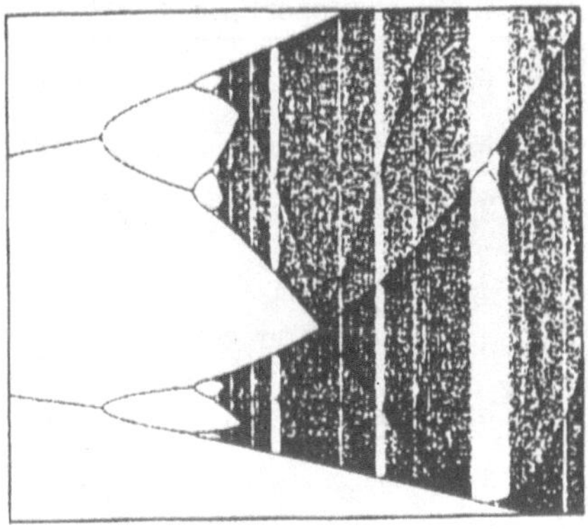

Abbildung 3.7 — Bifurkationsdiagramm der logistischen Abbildung

Aus der vorstehenden Abbildung ist deutlich ersichtlich, wie die Bifurkationen mit Zunahme von r in jeweils kürzeren Abständen erfolgen. Darüberhinaus sind Fenster im chaotischen Bereich $r > r_\infty$ sichtbar, die offensichtlich Repräsentanten eines "regulär-periodischen" Verhaltens inmitten einer chaotischen Region sind. Bevor der Frage nachgegangen wird, wie die periodischen Fenster im chaotischen Bereich entstehen und was den Bereich $r > r_\infty$ zusätzlich auszeichnet, soll kurz auf die bereits in Abschnitt 3.5.1 erwähnten Feigenbaumkonstanten eingegangen werden.

In der nachfolgenden Tabelle ist für die ersten 8 Bifurkationsstellen und den Konvergenzwert r_∞ jeweils der zugehörige Parameterwert r angegeben:

Bifurkationen der logistischen Gleichung	
Wert von r am Bifurkationspunkt	Periode des Orbits
$r_1 \;=\; 3,0$	$2^0 = 1$
$r_2 \;=\; 3,449490...$	$2^1 = 2$
$r_3 \;=\; 3,544090...$	$2^2 = 4$
$r_4 \;=\; 3,564407...$	$2^3 = 8$
$r_5 \;=\; 3,568759...$	$2^4 = 16$
$r_6 \;=\; 3,569692...$	$2^5 = 32$
$r_7 \;=\; 3,569891...$	$2^6 = 64$
$r_8 \;=\; 3,569934...$	$2^8 = 128$
... ...	...
$r_\infty \;=\; 3,569945...$	$2^\infty = \infty$

Tabelle 3.1 — Bifurkationsstellen der logistischen Gleichung

Unterstellt man eine geometrische Konvergenz, so läßt sich der Abstand einer beliebigen k-ten Bifurkation vom Konvergenzwert r_∞ folgendermaßen formalisieren:

$$r_\infty - r_k = \frac{c}{\delta^k} \, ,$$

wobei c und $k > 1$ Konstanten bezeichnen. Löst man diese Gleichung nach δ, so erhält man die schon im Abschnitt 3.5.1 angesprochene Gleichung

$$\delta = \frac{r_k - r_{k-1}}{r_{k+1} - r_k} \, ,$$

und somit die erste Feigenbaumkonstante $\delta = 4,6692016091\ldots$. Man kann ebenso nach r_∞ lösen und erhält für den Konvergenzwert $r_\infty = 3,5699456\ldots$. Jenseits dieses Wertes von r ist das Verhalten sehr komplex. Es gibt unendlich viele Parameterintervalle in denen stabile Orbits existieren. Dabei ist aus Singer's Theorem[66] bekannt, daß zu einem Parameterwert höchstens eine stabile Periode vorhanden sein kann. Für den Wert r_∞ ist die Bewegung also nichtperiodisch: Das System kehrt für beliebig lange Zeit nicht wieder an seinen Ausgangspunkt zurück.

Ebenso beeindruckend und geordnet wie der Weg in den chaotischen Bereich bis zu r_∞ ist das nachfolgende Verhalten der logistischen Abbildung für $r > r_\infty$ im

[66] *vgl. Abschnitt 4.2.1.2*

aperiodischen Regime. Untersuchungen[67] haben gezeigt, daß vom Orbit im aperiodischen Bereich mit der gleichen Regelmäßigkeit wie bei $r < r_\infty$ 2^k Teil*intervalle* des Einheitsintervalls angelaufen werden. Das chaotische an der Bewegung besteht lediglich darin, daß ein Punkt nach 2^k Iterationen nicht auf sich selbst, sondern nur in dasselbe Startintervall abgebildet wird. Nach einer großen Anzahl von Iterationen ist dann in jedem dieser *Intervallbänder* eine Anzahl unregelmäßig verteilter Punkte zu finden. Für bestimmte Parameterwerte $r_k > r_\infty$ verschmelzen 2^k-Teilintervalle zu 2^{k-1} neuen Bändern bis zuletzt der Verschmelzungsprozeß dazu führt, daß alle Teilintervalle in das gesamte Einheitsintervall verschmolzen sind, d.h. der Bereich, in dem die Punkte unregelmäßig verteilt liegen, $2^0 = 1$ also das gesamte Einheitsintervall ist.

Die Sequenz von *inversen "periodenhalbierenden" Bifurkationen* gleicht einem etwas verschwommenen Spiegelbild der periodenverdoppelnden Bifurkationen im nicht-chaotischen Bereich. Bemerkenswert ist, daß selbst im chaotischen Bereich der inversen Bifurkationskaskade die Intervallverschmelzungen ebenfalls einer Gesetzlichkeit folgen. Dieses Selbstähnlichkeitsgesetz ist das gleiche wie schon im Bereich der Periodenverdopplungen angetroffen, d.h. es gelten wiederum — selbst im chaotischen Bereich — die gleichen Konstanten α und δ.[68]

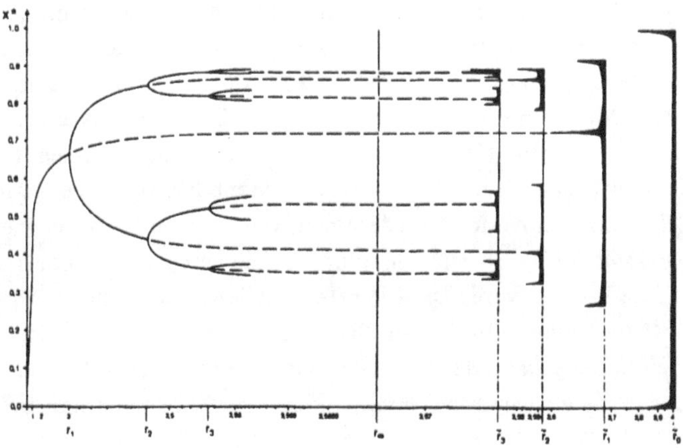

Abbildung 3.8 — Direkte und indirekte Bifurkationskaskade

Ein weiterer Hinweis auf *Ordnung im Chaos* ist die Existenz periodischer Fenster im aperiodischen Regime $r_\infty < r < 4$. Am Beispiel der Periode 3, dem "breite-

[67] *vgl. Großmann, S.; Thomae, S. (1977), S. 1353 ff.*

[68] *vgl. Misiurewicz, M. (1981), S. 17 ff.*

sten" und in Abbildung 3.7 klar erkennbaren Fenster, soll die Entstehung eines periodischen Fensters exemplarisch erläutert werden.

In der nachfolgenden Abbildung 3.9 ist die dritte Iterierte f_r^3 der logistischen Funktion dargestellt.

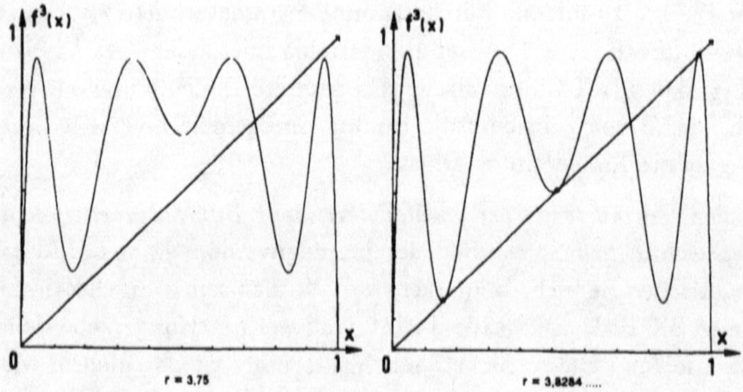

Abbildung 3.9 — Die dritte Iterierte f_r^3 der logistischen Abbildung kurz vor (links) und direkt am Punkt der Entstehung der Periode 3 (rechts) für die Parameterwerte $r = 3,75$ (links) und $r = 3,8284\ldots$ (rechts).

Man erkennt, wie zunächst nur zwei Schnittpunkte des Graphen mit der Geraden $x_t = x_{t+1}$ vorhanden sind, die zu den Fixpunkten von f_r gehören. Erhöht man r bis zu einem Wert $r_c = 1+\sqrt{8} = 3,8284\ldots$, so berühren die ersten beiden Minima und das letzte Maximum die Gerade $x_t = x_{t+1}$. Drei Fixpunkte der Periode 3 sind entstanden. Die qualitative Änderung des Verhaltens an diesem Punkt wird — aus offensichtlichen Gründen — als Tangentenbifurkation bezeichnet.[69] Bei weiterer Erhöhung von r erfolgt wiederum eine dem schon beschriebenen Schema folgende Kaskade von Periodenverdopplungen, die an einem weiteren Akkumulationspunkt $r_{\infty,2}$ beendet wird. Diese Fenster stabilen periodischen Verhaltens sind unendlich oft vorhanden. In diesem Zusammenhang wird auch deutlich, warum man von *Selbstähnlichkeit* oder auch *Skaleninvarianz* spricht. Auf verschiedenen Skalen tauchen die gleichen strukturellen Eigenschaften wieder und wieder auf.[70]

---

[69] *vgl. Kapitel 3.5.3*

[70] *Dieses ist insbesondere eine Eigenschaft der sog. fraktalen Mengen, deren bekanntester Vertreter wohl die Mandelbrotmenge ist. Als besonders geeignet zur Beschreibung fraktaler Mengen, d.h. der skaleninvarianten Strukturen haben sich gebrochenzahlige Dimensionsmaße erwiesen. Da "seltsame" Attraktoren gemeinhin als fraktale Mengen aufgefaßt werden, werden in Kapitel 5.3 die gängigen Dimensionsmaße zur Beschreibung von Attraktoren eingeführt und zum Teil weiterentwickelt. Die Theorie fraktaler Mengen als solche würden jedoch den Rahmen dieser Arbeit sprengen und wird insofern hier nicht behandelt.*

Die Ausschnittsvergrößerung der Abbildung 3.7, die in der nachfolgenden Grafik dargestellt ist, verdeutlicht diese Aussage anschaulich.

Abbildung 3.10 — Auschnittsvergrößerung der logistischen Abbildung im Intervall $r = [3,847\ ,\ 3,857]$.

Abschließend soll kurz auf die Nichtinvertierbarkeit und die Streck- und Falteigenschaft der logistischen Abbildung eingegangen werden, die für chaotische Phänomene generierende Abbildungen von nicht zu unterschätzender Bedeutung ist.[71]

Die Streck- und Falteigenschaft läßt sich einfach verdeutlichen, indem zwei exemplarische Punkte $x_1 = 0,5$ und $x_2 = 1$ für $r = 4$ betrachtet werden. Das Abbild von x_1 ist, wie aus Abbildung 3.12 leicht ersichtlich, 1 und das von x_2 ist 0. Zerlegt man die Abbildung $x_t \rightarrow x_{t+1}$ in zwei Schritte, so sind dies:

1. Das Intervall $[0, 1]$ wird auf die doppelte Länge gestreckt und
2. dann wieder soweit zurückgefaltet, bis die ursprüngliche Länge des Intervalls wieder erreicht ist.

Jeder der beiden Prozesse hat für das dynamische Verhalten der Lösungen eine wichtige Bedeutung:
Die *Streckeigenschaft* führt zu einem exponentiellen Auseinanderlaufen benachbarter Punkte, sofern der kritische Wert r_∞ überschritten ist und kein periodischer Attraktor existiert. Sei δx_0 die Abweichung eines Startwertes von einem anderen Startwert x_0, dann ergibt sich der Wert der Differenz zwischen beiden Lösungen zu

$$\delta x_t = \delta x_0 \cdot e^{\lambda t} \quad .$$

[71] *vgl. Bergé, P.; et al. (1984), S. 205*

Eine mit t anwachsende exponentielle Abweichung δx_t führt zu einem positiven Exponenten λ, während ein negatives λ eine exponentielle Abnahme der Abweichung beschreibt. Eine Abnahme der Abweichung impliziert desweiteren, daß keine sensitive Abhängigkeit von den Anfangsbedingungen vorliegt, da sich für $t \to \infty$ ergibt, daß $\delta x_t \to 0$. Mittels λ läßt sich somit eine Aussage über das Vorhandensein bzw. Nichtvorhandensein sensitiver Abhängigkeit von den Anfangsbedingungen fällen.[72] Die nachstehende Abbildung zeigt die Entwicklung des (Lyapunov–) Exponenten λ für die logistische Funktion in Abhängigkeit des Parameters r. Deutlich sind die ersten Bifurkationsstellen an denen λ offenbar den Wert 0 annimmt zu erkennen. Ebenso ist ersichtlich, wie λ für $r > r_\infty$ im Mittel positive Werte animmt und somit offensichtlich den Bereich aperiodischen Verhaltens der logistischen Abbildung in Abhängigkeit der Parameterwerte r kennzeichnet. Darüberhinaus ist aber auch die *"Ordnung inmitten des Chaos"* zu erkennen. Bei $r = 3,8284\ldots$ — dem Entstehungspunkt der stabilen 3-periodischen Lösung — nimmt λ einen negativen Wert an, und weist somit auf ein exponentielles Konvergieren benachbarter Trajektorien, d.h. Stabilität hin.

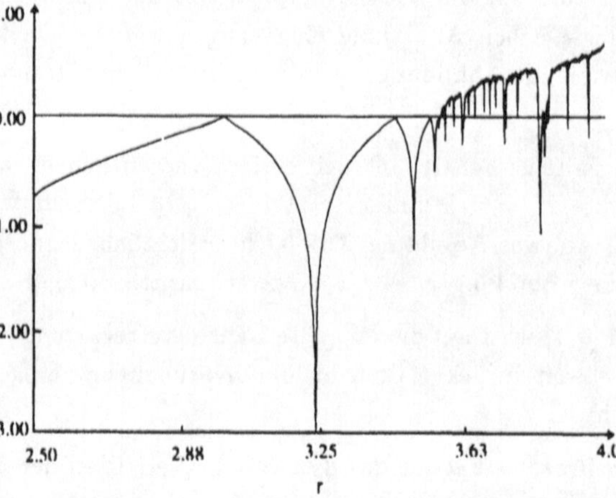

Abbildung 3.11 — Die Entwicklung des Lyapunov–Exponenten der logistischen Funktion für $2,5 \leq r \leq 4$.

Die *Falteigenschaft* garantiert zum einen, daß die Punktfolge auf ein gewisses Intervall (hier $[0,1]$) beschränkt bleibt und zum anderen, daß aus einem Punkt x_{t+1} sein Vorgängerpunkt x_t nicht eindeutig bestimmt werden kann. Diese Eigenschaft, daß sich einem Punkt x_t zwei oder mehr Punkte zum Zeitpunkt $t-1$ zuordnen lassen, bezeichnet man als *Nichtinvertierbarkeit.*[73]

[72] *Auf die Bedeutung des Exponenten λ wird in Kapitel 5.2 ausführlich eingegangen.*
[73] *vgl. Bergé, P.; et al. (1984), S. 205*

Während nun die Nichtinvertierbarkeit einer eindimensionalen Abbildung die Kenntnis der vergangenen zeitlichen Entwicklung verhindert, ist eine *langfristige* Vorhersage zukünftiger Punktwerte aufgrund der sensitiven Abhängigkeit von den Anfangsbedingungen nicht möglich[74], würde doch letzteres bedeuten, daß die Anfangsbedingungen mit *unendlicher* Genauigkeit zu bestimmen wären. Die kleinste Ungenauigkeit bei der Bestimmung eines Startwertes x_0 — und deren ständiges Vorhandensein ist letztendlich seit der Einführung der Quantenmechanik eine bekannte Tatsache — führt schließlich zu einer völlig anderes verlaufenden Zeitreihe.

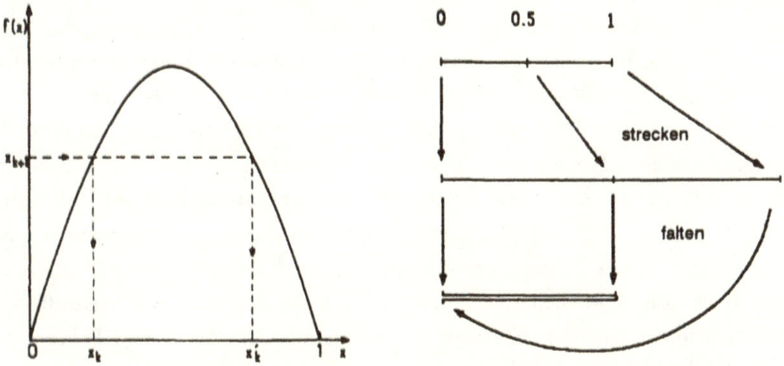

Abbildung 3.12 — Nichtinvertierbarkeit und Streck- und Falteigenschaft der logistischen Abbildung

[74] *vgl. Ott, E. (1981), S. 657; auch Bergé, P.; et al. (1984), S. 205*

4. Eingrenzung des Begriffes "Chaos"

4.1 Ethymologische Herleitung der Bezeichnung Chaos

Der Begriff *Chaos* entstammt dem Griechischen und bedeutet im übertragenen Sinne "gestaltlose Urmasse". Das Wort selbst ist der griechischen Mythologie entnommen: In Hesiods Theogonie, der Familiengeschichte der griechischen Götter, entstanden um 700 v. Chr., bezeichnet Chaos eigentlich zwei verschiedene Konzepte, die jedoch im Verlaufe der Erzählungen wieder zu einer gemeinsamen Vorstellung verschmelzen. Einerseits, so führt Hesiod aus, war am Anfang das Chaos (griech. $\chi\alpha\iota\nu\omega$) - die grenzenlose, gähnende Leere des mit ungeformten und unbegrenzten Urstoff gefüllten Raumes, der noch nicht in die Gliederung aller Dinge einbezogen ist. Dieser bildet nach seinen Worten die Vorstufe jeglichen endlichen und wohlgeordneten Kosmoses. Chaos brachte sodann *Erebus* (die Dunkelheit) und die Nacht hervor. Die Nacht brachte nun *Aether*, die helle obere Luftschicht, und den Tag hervor. Später dann entstanden daraus die gefürchteten Aspekte des Universums, wie z.B. der Tod, die Armut, der Krieg oder der (Überlebens-) Kampf. Hier nun zeigt sich in Hesiod's Theogonie der Zusammenschluß dieses ersteren Konzeptes mit dem Zweiten, daß Chaos als die *abgründige Schlucht des Tatarus*, der Unterwelt versteht.

In den später entstandenen Kosmologien bezeichnet Chaos dann ganz allgemein den ursprünglichen Charakter der Dinge.

Aristoteles interpretierte die Bezeichnung Chaos in Hesiod's Werken als "vorphilosophischen Versuch", den unendlichen Raum zu bezeichnen[75], was mit Ausnahme der stoischen Philosophen von den übrigen Denkern der verschiedenen Völker übernommen wurde.

Aufgrund einer nach allgemeiner Lehrmeinung fehlerhaften Verwechslung des Wortes Chaos mit dem Verb *cheein* (fließen) verstanden die Stoier unter Chaos den einer wasserartigen Masse gleichen Zustand einer periodischen Zerstörung des Universums durch ein großes Feuer, welches der Neuerschaffung bzw. Neukonstruktion eines Universums vorangeht.

Aus diesen Quellen entstand unzweifelhaft Ovid's Bild von Chaos. Er intepretierte in seinem Werk Metamorphosen Chaos als die originäre, rohe und formlose Masse, in der ausschließlich Unordnung und Konfusion besteht.[76] Aus dieser, so seine Ausführungen, brachte der Schöpfer des Kosmos die Elemente, die festgelegte Form des Seiens und die Ordnung und Harmonie des Universums hervor.

[75] *vgl. Aristoteles, Physik, Buch IV, 1*

[76] *vgl. Ovid , Metamorphosen, Buch I, S. 1 ff.*

Aufgrund des hohen Popularitätsgrades Ovid's in der Renaissance, aber auch späterer Zeiten entstammt seinen Ausführungen die heutige Bedeutung der Bezeichnung Chaos.
Ähnlich beschreibt die Genesis, das Eröffnungskapitel der Bibel das "Tohu-wabohu": "Und die Erde war wüst und leer." Und so beginnen die Schöpfungsmythologien der verschiedensten Völkern mit dem *Chaos*. In diesem unergründlichen Abgrund entstanden Schöpfergottheiten wie der jüdische "Elohim", der Guineaische Gott "Alatangana", der russisch-altaische "Ulgen" ebenso wie der "Phan Ku" im alten China, der aus der "ungestalten Masse eines kosmischen Eies erbrütet wird".
Im heutigen Sprachgebrauch steht das Wort Chaos für die Abwesenheit bzw. das Nichtvorhandensein von erkennbarer Ordnung.

4.2 Definitionen von Chaos

Gemeinhin lassen sich die gängigen Chaosdefinitionen hinsichtlich des verwandten Ansatzes in zwei Grundtypen unterteilen. Einerseits wird versucht, Chaos über einen topologischen Ansatz zu definieren, zum anderen geschieht diese Definition mittels statistischer Maße wie z.B. dem Vorhandensein positiver Lyapunov-Exponenten. Generell soll sich diese Arbeit gerade, mit Ausblick auf die spätere ökonometrische Behandlung ökonomischer Zeitreihen, dem letzteren Ansatz anschließen. Ein weiterer Grund, den zweiten Weg zu wählen, besteht darin, daß die "topologischen Ansätze" (topologisches) Chaos letztendlich durch den Nachweis des Vorhandenseins positiver topologischer Entropie definieren, was zwar definitiv chaotisch, dennoch aber nicht notwendigerweise gleichzeitig auch beobachtbar ist. Dementgegen ist ein positiver Lyapunov-Exponent, mit anderen Worten eine positive metrische Entropie, weitaus aussagekräftiger und darüberhinaus beobachtbar. Hinsichtlich der Problematik der exakten Bestimmung von Lyapunov-Exponenten muß an dieser Stelle jedoch auf Kapitel 5.2 verwiesen werden. Nachfolgend werden drei topologische Ansätze zur Definition des Begriffes "Chaos" eingeführt und eine generelle "working definition" erstellt. Die eigentliche Definition von chaotischem Verhalten über metrische Maße erfolgt dann jedoch über entsprechende Verweise, integriert im Kapitel über die statistischen Maße.

4.2.1 Definitionen von chaotischem Verhalten in eindimensionalen dynamischen Systemen

Im Gegensatz zu kontinuierlichen dynamischen Systemen können diskrete nichtlineare Systeme schon im eindimensionalen Fall erster Ordnung aperiodisches irreguläres Lösungsverhalten aufweisen. Es erscheint nicht nur vom Aspekt der chronologischen Entwicklung her sinnvoll, sich zuerst mit ein- bzw. zweidimensionalen Systemen auseinanderzusetzen. Schröder führt in einem Aufsatz dafür fünf Punkte an:[77]

1. Das Entstehen und Auftreten von chaotischem Verhalten läßt sich an Hand eindimensionaler Systeme graphisch darstellen und verdeutlichen.
2. Viele Phänomene mit einer Dimension von mehr als zwei können durch Reduktion auf eine eindimensionale Abbildung verdeutlicht werden.
3. Hinreichende Theoreme und Bedingungen zum Nachweis chaotischen Verhaltens, die relativ einfach zu handhaben sind, bestehen hauptsächlich für eindimensionale dynamische Systeme.
4. Die mathematischen Eigenschaften dieser Systeme sind bereits ausführlich untersucht worden.
5. Die überwiegende Anzahl der ökonomischen Anwendungen nichtlinearer Systeme mit komplexem Lösungsverhalten basieren auf eindimensionalen Differenzengleichungen.

Bis heute ist in der wissenschaftlichen Literatur nicht eindeutig festgelegt, was unter dem Begriff des "chaotischen Verhaltens" überhaupt zu verstehen ist.[78] Die meisten Definitionen besitzen zwar zum Teil Gemeinsamkeiten, weisen jedoch teils kleine, teils aber auch große Unterschiede im einzelnen auf. Im folgenden sollen zuerst die am häufigsten Verwendung findenden Definitionen für eindimensionale diskrete Systeme vorgestellt werden. Einleitend dazu soll jedoch zuerst *Sarkovskii's Theorem* eingeführt werden.

Sarkovskii's Theorem[79]

Man betrachte die folgende Anordnung aller positiven Ganzzahlen:

$$
\begin{gathered}
3 \succ 5 \succ 7 \succ 9 \succ \ldots \succ (2n-1) \succ (2n+1) \succ \ldots \\
\ldots \succ 2\cdot 3 \succ 2\cdot 5 \succ \ldots \succ 2(2n-1) \succ 2(2n+1) \succ \ldots \\
\ldots \\
\ldots \succ 2^k 3 \succ 2^k 5 \succ \ldots \succ 2^k(2n-1) \succ 2^k(2n+1) \succ \ldots \\
\ldots \succ 2^{k+1}\cdot 3 \succ 2^{k+1}\cdot 5 \succ \ldots \succ 2^{k+1}\cdot(2n-1) \succ 2^{k+1}(2n+1) \succ \ldots \\
\ldots \succ 2^{k+1} \succ 2^k \succ \ldots \succ 2^4 \succ 2^3 \succ 2^2 \succ 2^1 \succ 2^0
\end{gathered}
$$

77 *vgl. Schröder, R. (1985), S. 152*
78 *vgl. z.B. Devaney, R. L. (1989), S. 50*
79 *vgl. Sarkovskii, A.N. (1964), S. 61 ff.*

Es sei $F : J \rightarrow J$ eine stetige Abbildung. Besitzt F einen periodischen Punkt der Periode n mit $n \succ k$ hinsichtlich obiger Ordnung, so besitzt F ebenfalls einen periodischen Punkt der Periode k.

Als wichtige Implikation sollen zwei Punkte festgehalten werden:[80]

i. Besitzt F einen Punkt der Periode 3, so besitzt F ebenfalls periodische Punkte jeder anderen Periode.

ii. Besitzt F einen periodischen Punkt, dessen Periode sich nicht als Potenz von 2 darstellen läßt, so besitzt F ebenfalls unendlich viele periodische Punkte.

4.2.1.1 Die Definition von Chaos nach Li/Yorke

Aufbauend auf das Theorem von Sarkovskii[81] führten Li und Yorke 1975 in ihrem Artikel "Period three implies Chaos"[82] die erste Definition für chaotisches Verhalten ein. Sie definierten ein System als chaotisch, wenn es im wesentlichen die folgenden Eigenschaften erfüllt:

1. Ein dynamisches System der Art

$$x_{n+1} = f(x_n) \quad \text{mit} \quad f : J \rightarrow J \quad \text{mit} \quad J \subset \mathbb{R}$$

   besitzt periodische Lösungen beliebig hoher Ordnung.

2. Jede aperiodische Lösung nähert sich anderen beliebig an.

3. Unabhängig davon wie nah sich zwei aperiodische Lösungen kommen, sie werden sich schließlich wieder voneinander entfernen.

4. Unabhängig vom Grad der Annäherung einer aperiodischen Lösung an einen Zyklus der Ordnung k wird diese nicht gegen den Zyklus konvergieren, sondern divergieren. Somit können keine aperiodischen Lösungen existieren, gegen die alle anderen Lösungen konvergieren.

Diese 4 Eigenschaften wurden von Li & Yorke wie folgt formalisiert:[83]

Es sei $J \subset \mathbb{R}$ ein Intervall und $f : J \rightarrow J$ eine stetige Abbildung.
Es existiere ein Punkt $a \in J$, für den die Punkte $b = F(a)$, $c = F^2(a) = F(b)$ und $d = F^3(a) = F^2(b) = F(c)$ die Ungleichung

[80] *vgl. Devaney, R. L. (1989), S. 19*
[81] *vgl. Sarkovskii, A.N. (1964), S. 61 ff.*
Guckenheimer, J.; Holmes, P. (1983), S. 311
[82] *vgl. Li, T. Y.; Yorke, J. A. (1975), S. 987 ff.*
[83] *vgl. Li, T.-Y., Yorke, J.A. (1975), S. 987*

$$d \leq a < b < c \qquad \vee \qquad d \geq a > b > c$$

erfüllen. Dann gilt:

1. Für jedes $k \in \mathbb{N}$ gibt es einen periodischen Punkt $x_n \in J$ mit der Periode k.
2. Es gibt eine überabzählbare Menge $S \subset J$, die keine periodischen Punkte enthält und die folgenden Eigenschaften besitzt:

   a. Für beliebige Punkte $p, q \in S$ mit $p \neq q$ gilt:

$$\limsup_{n \to \infty} |F^n(p) - F^n(q)| > 0$$

   und

$$\liminf_{n \to \infty} |F^n(p) - F^n(q)| = 0$$

   b. Es gelte für jeden Punkt $p \in S$ und für jeden periodischen Punkt $q \in J$:

$$\limsup_{n \to \infty} |F^n(p) - F^n(q)| > 0$$

Hieraus erkenntlich liefert das Theorem von Li & Yorke eine relativ einfache Bedingung für den Nachweis chaotischer Abbildungen. Ist eine der Bedingungen $d \leq a < b < c$ oder $d \geq a > b > c$ durch mindestens eine Lösung eines eindimensionalen, diskreten Systems erfüllt, d.h. ist zumindest eine Lösung mit der Periode 3 für das untersuchte System nachgewiesen, so weist dieses System sowohl Zyklen beliebig hoher Ordnung als auch aperiodische Lösungen auf. Den Nachweis für die Existenz von Zyklen beliebiger Ordnung bei Vorhandensein eines Zyklus der Periode 3 hatte 1964 Sarkovskii erbracht (Sarkovskii's Theorem). 1978 konnten Butler und Pianigiani[84] nachweisen, daß bereits aus der Existenz von Zyklen ungleich der Periode 2^n auf die Existenz von chaotischen Lösungen geschlossen werden kann.

Noch mehr mit der heuristischen Begriffseinführung "chaotischen" Verhaltens beschäftigt, läßt das von Li & Yorke vorgetragene Theorem jedoch noch keine Aussagen über z.B. relative Häufigkeiten des Auftretens von aperiodischen irregulären Lösungen zu. Ebensowenig implizieren die vorgetragenen Annahmen, daß ein bestimmtes dynamisches Verhalten für beliebige Startwerte auftritt, d.h. startwertunabhängig ist. Startwertunabhängigkeit ist jedoch von wesentlicher Bedeutung für eine statistische Behandlung vieler Phänomene.

84 *vgl. Butler, G. J.; Pianigiani, G. (1978), S. 255 ff.*

Es ist nachweisbar, daß Lösungen existieren, die im Sinne der Li/Yorke Definition zwar als chaotisch zu bezeichnen wären, jedoch keine "sensitive Abhängigkeit von den Anfangsbedingungen" besitzen und somit im heutigen Sinne nicht chaotisch sind.

Um eine diese Bedingungen beinhaltende Definition vorzustellen, sind zuvor jedoch die Begriffe der "sensitiven Abhängigkeit von den Anfangsbedingungen" und der der "topologischen Transitivität" zu klären.

Topologische Transitivität

Es sei $J \subset \mathbb{R}$. Eine Abbildung $f : J \rightarrow J$ heißt *topologisch transitiv*, wenn für alle Paare offener Mengen U und $V \subset J$ ein $n > 0$, d.h. $n \in \mathbb{N}$ existiert, so daß gilt:

$$f^n(U) \cap V \neq 0 \qquad \text{mit} \quad n \in \mathbb{N}.$$

Eine topologisch transitive Abbildung besitzt demnach Punkte, die aus einer beliebig kleinen Umgebung eines Startwertes unter Iteration in jedes beliebige Teilintervall abgebildet werden. Folglich läßt sich das dynamische System nicht in zwei unter der Abbildung invariante, disjunkte offene Teilmengen zerlegen.

Sensitive Abhängigkeit von den Anfangsbedingungen

Es sei J ein Intervall mit $J \subset \mathbb{R}$. Eine Abbildung $f : J \rightarrow J$ heißt *sensitiv von den Anfangsbedingungen abhängig*, wenn ein $\delta > 0$ existiert, so daß für alle $x \in J$ und für jede Umgebung U von x ein Punkt $y \in U$ existiert, so daß gilt:

$$\left|f^n(x) - f^n(y)\right| > \delta \qquad \text{mit} \quad n \in \mathbb{N}$$

Eine Abbildung f besitzt demnach also die Eigenschaft der sensitiven Abhängigkeit von den Anfangsbedingungen, wenn es zumindest einen solchen Punkt y in jeder Umgebung U von x gibt, der sich durch wiederholtes Anwenden einer Iterationsvorschrift f auf die Punkte x und y um mindestens δ von $f^n(x)$ entfernt.

Es ist dabei zu betonen, daß nicht notwendigerweise alle Punkte aus der Umgebung von x sich von x entfernen müssen. Die Existenz eines solchen, sich um δ von x entfernenden Punktes in jeder Umgebung U von x, erfüllt die Bedingung der sensitiven Abhängigkeit von den Anfangsbedingungen hinreichend.[85]

Am Beispiel der logistischen Gleichung wurde bereits deutlich, wie sich bei vorliegender sensitiver Abhängigkeit von den Anfangsbedingungen geringste Abwei-

[85] *vgl. Devaney, R.L. (1989), S. 49*
Auch: Wiggins, S. (1990), S. 436

chungen, wie z.B. durch Rundung oder der begrenzten Anzahl von Nachkommastellen bei Computerberechnungen hervorgerufen, von Iteration zu Iteration verstärken und somit zu völlig verschiedenen Lösungspfaden führen.

4.2.1.2 Die Definition von Chaos nach Devaney

Es sei $J \subset \mathbb{R}$ ein Intervall. Die Abbildung $F : J \rightarrow J$ heißt *chaotisch* in J, wenn für f die folgenden Bedingungen erfüllt sind:

1. f besitzt eine sensitive Abhängigkeit von den Anfangsbedingungen.
2. f ist topologisch transitiv.
3. Periodische Punkte liegen dicht in J.

Im Sinne der Devaney'schen Definition besitzt eine chaotische Abbildung demnach drei Charakteristika. Diese sind:[86]

a) Unvorhersagbarkeit
b) Unzerlegbarkeit
c) ein Element der Regelmäßigkeit.

Die prinzipielle Unvorhersagbarkeit der Lösungspfade liegt in der sensitiven Abhängigkeit von den Anfangsbedingungen begründet. Das Gesamtsystem kann aufgrund der topologischen Transitivität nicht in zwei invariante offen Subsysteme, die nicht interagieren, zerlegt werden. Und inmitten dieses scheinbar zufälligen Lösungsverhaltens existiert nichtsdestotrotz ein Element der Ordnung insofern, als daß periodische Punkte in J existieren, die dicht beieinander liegen.[87]

Um bei der Stabilitätsanalyse von Abbildungen weiter vordringen und Aussagen über Obergrenzen periodischer Orbits machen zu können, soll die *Schwarzsche Ableitung* eingeführt werden. Devaney's Definition chaotischer Zyklen entstand zwar für den eindimensionalen Raum, läßt sich aber ohne weitere Schwierigkeiten auf höherdimensionale Abbildungen übertragen. Im mehrdimensionalen Raum versagt hingegen Sarkovskii's Theorem, so daß sich die Notwendigkeit der Einführung dieses neuen Stabilitätskriteriums ergibt.

Die Schwarzsche Ableitung

Es sei $F : \mathbb{R} \rightarrow \mathbb{R}$ eine C^3–stetige Abbildung mit

$$f^k(x) = \frac{d^k f(x)}{dx^k} \quad \text{und} \quad f'(x) \neq 0 \; \forall \; x \in \mathbb{R} \quad \text{und} \quad k \in \mathbb{N} \quad .$$

[86] *vgl. Devaney, R. L. (1989), S. 50*

[87] *Eine Menge D eines metrischen Raumes M heißt dicht in der Menge $M_0 \subseteq M$, wenn zu jedem $x_0 \in M_0$ und jeder reellen Zahl $\varepsilon > 0$ ein $x \in D$ existiert mit $|x - x_0| < \varepsilon$.*

Die Schwarzsche Ableitung der Funktion f an einem Punkt x ist definiert als

$$Sf(x) = \frac{f'''(x)}{f'(x)} - \frac{3}{2}\left(\frac{f''(x)}{f'(x)}\right)^2$$

Hinsichtlich chaostheoretischer Überlegungen werden Funktionen mit negativer Schwarzscher Ableitung von besonderem Interesse sein.[88]

Die herausragende Eigenschaft von Abbildungen, die eine negative Schwarzsche Ableitung besitzen, ist die, daß das Vorzeichen bei Verkettung beibehalten wird.

$$Sf(x) < 0 \quad \text{und} \quad Sg(x) < 0 \quad \Longrightarrow \quad S(f \circ g)(x) < 0$$

Daraus ergibt sich die wichtige Konsequenz, daß das negative Vorzeichen der Schwarzschen Ableitung $Sf < 0$ auch nach n Iterationen erhalten bleibt, d.h. $Sf^n < 0$ ist.[89]

Die Bedeutung der Schwarzschen Ableitung wird an einem 1978 von Singer bewiesenen Satz deutlich:[90]

Singers Theorem[91]

Man betrachte die Abbildung $x_{t+1} = f(x_t)$, die ein geschlossenes Intervall $J = [0, b]$, $b > 0$ auf sich selbst abbildet. Wenn für f die folgenden Bedingungen erfüllt sind, dann besitzt f *höchstens* eine stabile periodische Lösung im Intervall J.

i. f ist dreimal stetig differenzierbar und

ii. f besitzt einen kritischen Punkt x_k mit

$$f'(x) \begin{cases} > 0 & \forall \quad x < x_k \\ = 0 & \forall \quad x = x_k \\ < 0 & \forall \quad x > x_k \end{cases}$$

iii. $f(0) = 0$ und $f'(0) > 0$, d.h. der Ursprung ist ein abstoßender Fixpunkt und

---

[88] *So ist beispielsweise die Schwarzsche Ableitung der logistischen Funktion $F_r(x) = rx(1-x)$ gegeben durch $SF_r(x) = -\frac{6}{(1-2x)^2}$, so daß $SF_r(x) < 0$ für alle x (auch für den kritischen Punkt $x = \frac{1}{2}$ bei dem $SF_r(x) = -\infty$. Vgl. Lorenz, H.-W. (1989), S. 115, der zu einem anderen Ergebnis kommt!)*

[89] *vgl. Devaney, R.L. (1989), S. 70*

[90] *vgl. Singer, D. (1978), S. 260 ff.*
desweiteren Collet, P.; Eckmann, J.-P. (1980), S. 95 ff.

[91] *vgl. Singer, D. (1978), S. 260 ff.*

iv. $Sf(x_t) \leq 0 \quad \forall \quad x \in J \setminus \{x_k\}$.

Besitzt eine Abbildung eine stabile periodische Lösung, dann konvergieren die von "fast allen"[92] Startwerten ausgehenden Lösungen gegen diesen stabilen Orbit.

Guckenheimer faßt die gefundenen Ergebnisse in folgendem (Stabilitäts–) Theorem zusammen[93]

> "Wenn f die Bedingungen von Singer's Theorem erfüllt und wenn f einen asymptotisch stabilen Zyklus der Periode k besitzt, so ist das Lebesque–Maß der Menge aller Startwerte, deren Lösungen nicht von diesem asymptotisch stabilen Orbit angezogen werden, gleich Null. Folglich ist fast jeder Startwert asymptotisch periodisch mit der Periode k."

4.2.2 Definition chaotischen Verhaltens in mehr–dimensionalen dynamischen Systemen

Abschließend sollen nun zwei weitere Definitionen chaotischen Verhaltens für höher–dimensionale Systeme nachgezeichnet werden. Dafür ist es zunächst jedoch notwendig, die Begriffe des *expandierenden Fixpunktes* und des *homoklinen Punktes* einzuführen. Marotto bezeichnet den homoklinen Punkt trivial als "*Snap–Back Repeller*". In dieser Arbeit soll jedoch dafür die Bezeichung des homoklinen Punktes beibehalten werden, da dieses aus mathematischer Sicht präziser erscheint.

Expandierender Fixpunkt

Es bezeichne $B_r(z)$ eine geschlossene Kugel in $\mathbb{R}^n$ mit Radius r und dem Zentrum in z. Außerdem sei $f : \mathbb{R}^n \to \mathbb{R}^n$ in $B_r(z)$ stetig differenzierbar. Man nennt z einen *expandierenden Fixpunkt* von f in $B_r(z)$ wenn gilt:

i. $f(z) = z$, und

ii. die euklidische Norm der Eigenwerte der zu f gehörenden Jacobimatrix ist für alle $x \in B_r(z)$ größer 1.

Diese Definition eines expandierenden Fixpunktes impliziert jedoch noch nicht unbedingt, daß sich ein Orbit überall von z entfernt. Ist $x \notin B_r(z)$ für ein beliebiges r, so sind Eigenwerte kleiner oder gleich Eins zugelassen. Ist ein Punkt

[92] *"Fast allen" bedeutet, daß das Lebesque–Maß gleich 0 ist, d.h. die wenigen Startwerte nichtkonvergierender Lösungen liegen nicht in einem zusammenhängenden Intervall benachbart. Für den Nachweis vgl. Nusse, H. E. (1987), S. 498 ff.*

[93] *zitiert nach Lorenz, H.–W. (1989), S. 119*

außerhalb von $B_r(z)$ erreicht, von dem aus der Orbit auf z "zurückspringt"[94], so spricht man von der Existenz eines homoklinen Punktes.

<u>Homokliner Punkt</u>

Es sei z ein expandierender Fixpunkt von f in $B_r(z)$ für ein beliebiges $r > 0$. Man nennt z einen homoklinen Punkt von f, wenn ein Punkt $x_0 \in B_r(z)$ mit $x_0 \neq z$ und $n \geq 1$ existiert, so daß gilt:

i. $f^n(x_0) = z$, und

ii. $det\left[\frac{Jf^n(x_0)}{dx}\right] \neq 0$

Die nachstehende Abbildung verdeutlicht die Idee des homoklinen Punktes in $\mathbb{R}^2$. Ein Orbit "startet" an einem Punkt x_0 beliebig nah an z in $B_r(z)$. Er wird von z abgestoßen, springt jedoch plötzlich auf z zurück, nachdem er $B_r(z)$ verlassen hat.

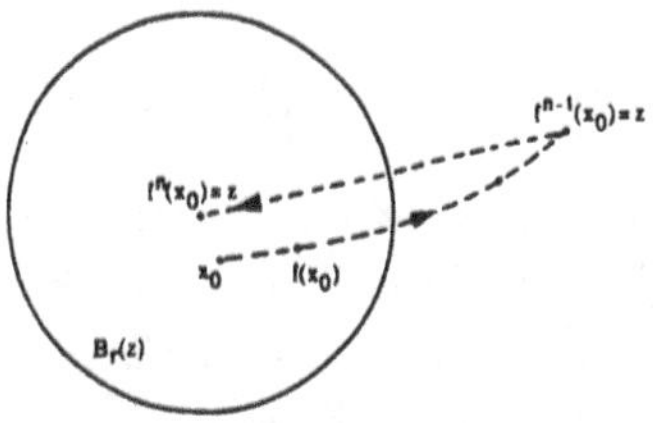

Abbildung 4.1 Schematische Darstellung eines homoklinen Punktes

4.2.2.1 Definition chaotischen Verhaltens nach Marotto

Es sei $f : \mathbb{R}^n \to \mathbb{R}^n$ eine stetig differenzierbare Funktion. Die Abbildung f heißt chaotisch, <u>wenn f einen homoklinen Punkt besitzt</u>, d.h. wenn gilt:

i. Es existiert eine Zahl $m \in \mathbb{N}$, so daß die Funktion f für alle $p \geq m$ mit $p \in \mathbb{N}$ einen Fixpunkt der Ordnung p besitzt.

ii. Es existiert eine überabzählbare Menge S, die keine periodischen Punkte von f enthält, so daß gilt:

   a. $f(S) \subset S$

   b. $\limsup_{k\to\infty} \left\| f^k(x) - f^k(y) \right\| > 0 \quad \forall\, x, y \in S \quad \text{mit } x \neq y$

[94] *Aus diesem "Zurückspringen" rührt Marotto's Begriffsbildung des "Snap-Back-Repellers"*

c. $\limsup_{k\to\infty} \left\| f^k(x) - f^k(y) \right\| > 0 \quad \forall\, x \in S$ und jeden periodischen Punkt y von f.

iii. Es existiere eine überabzählbare Menge $S_0 \subset S$, so daß für alle $x, y \in S_0$ gilt: $\liminf_{k\to\infty} \left\| f^k(x) - f^k(y) \right\| = 0$.

Zeigt also eine Funktion f eines n-dimensionalen dynamischen Systems chaotisches Verhalten, so läßt sich nachweisen, daß[95]

1. Trajektorien mit beliebig hoher Periode p und ebenfalls Fixpunkte beliebig hoher Ordnung existieren (vgl. i.),
2. eine überabzählbare Menge von Startwerten existiert, deren Trajektorien völlig aperiodisches Verhalten zeigen (vgl. ii.), und zwar insofern, als daß diese
   a) die Menge der Startwerte nicht verlassen (vgl. iia.),
   b) sich beliebig nahe kommen (vgl. iii.) und
   c) nicht gegeneinander konvergieren (vgl. iib.).

4.2.2.2 Definition chaotischen Verhaltens nach Diamond

Eine andere Definition chaotischen Verhaltens wurde 1976 von Diamond vorgetragen.[96] Im Vergleich zu der vorstehend skizzierten Definition Marotto's erweist sich Diamond's Definition jedoch als Einschränkung der vorherigen. Diamond definiert eine Funktion f als chaotisch, wenn sich eine nichtleere kompakte Menge $X \subset J$ nachweisen läßt, für die gilt:

i. $X \cup f(X) \subset f^2(X) \subset J$

ii. $X \cap f(X) = \phi$ und $\phi = f^i(P) \cap f^j(P)$ mit $P \subset J \quad \forall \quad 1 \leq i \leq j < k$

wobei $J \subset \mathbb{R}^n$ eine stetige Funktion sei.

Die Einschränkung Diamond's gegenüber Marrotto besteht darin, daß die Eigenschaft (iii.) aus Marrotto's Definition vollständig weggefallen ist und anstelle der über Eigenschaft (ii.) definierten unendlich vielen Trajektorien mit beliebig großer Periode p eine "*periodische Menge P von f*" mit der Eigenschaft

$$\left.\begin{aligned} f^k(P) &= P \\ f^i(P) \cap f^j(P) &= \phi \end{aligned}\right\} \quad \forall \quad 1 \leq i \leq j < k \text{ mit } k \in \mathbb{N}$$

tritt.

[95] *vgl. Marotto, F. (1978), S. 204 ff.*

[96] *vgl. Diamond, P. (1976), S. 953 ff.*

Während im eindimensionalen Fall eine Menge X entsprechend der Diamondschen Definition noch leicht nachgewiesen werden kann, stellt sich dieser Nachweis für den mehr-dimensionalen Fall als recht schwierig dar. Diamond's Definition, so stellen Straub/Wenig fest[97], ist lediglich bei sehr einfach strukturierten Funktionen anwendbar, da im höherdimensionalen Fall nicht nur ein einzelner Punkt, sondern das Bild einer Menge untersucht werden muß.

Eine kritische Untersuchung der Definitionen chaotischen Verhaltens läßt jedoch einige Fragen offen. So reduzieren sich z.B. die vorgetragenen Kriterien von Diamond und Marotto im eindimensionalen Fall exakt auf die schon beschriebenen Kriterien von Li/Yorke, d.h. daß ein Punkt x in einem Intervall J existiere, so daß gilt: $f^3(x) \leq x < f(x) < f^2(x)$.[98] Desweiteren können diese Theoreme nur bei sehr einfach strukturierten Systemen zu deren Untersuchung herangezogen werden[99], um Aussagen zumeist bezüglich der Existenz von Regionen, in denen ein System "chaotisch" reagieren "könnte", zu treffen. Dieses impliziert jedoch wiederum, daß die einem System zugrundeliegenden Funktionen bekannt sein <u>müssen</u>, um überhaupt Aussagen treffen zu können. Sind diese Funktionen bekannt, so ist mit erheblichem Rechenaufwand zu rechnen, da generell für alle möglichen Parameterkonstellationen numerische Simulationen durchzuführen sind, um z.B. auf einen homoklinen Fixpunkt (Marrotto) zu stoßen. Insofern rücken die Methoden zum Nachweis chaotischen Verhaltens in höher-dimensionalen Systemen vom postulierten analytischen Charakter ab, hin zu einem zumindest quasi-experimentellen Charakter.

Es soll abschließend zumindest festgehalten werden, daß

- in höherdimensionalen Systemen der "Chaos-Nachweis" analytisch recht schwierig ausfällt und
- methodisch bis heute weitgehend ungeklärt ist, welche allgemein strukturellen Eigenschaften eines Systems als Chaos-konstituierend betrachtet werden können.

---

[97] *vgl. Straub, M.; Wenig, A. (1985), S. 71*

[98] *Eine periodische Menge reduziert sich auf einen periodischen Punkt aufgrund der Konvexität verbundener Intervalle. Somit finden die üblichen Fixpunkttheoreme Anwendung. Der mathematisch exakte Nachweis geht jedoch weit über den Rahmen dieser Arbeit hinaus.*

[99] *vgl. Straub, M.; Wenig, A. (1985), S. 72*

4.3 Eine "working definition" für Chaos

In dieser Arbeit soll sich einer von Hao vorgetragenen Arbeitsdefinition für Chaos angeschlossen werden, um der Diskussion um die "richtige", bisweilen noch nicht gefundene Definition für chaotisches Verhalten zu entgehen. Dieses scheint angemessen, da sich aufsetzend auf die zweifelsohne bestehende Schwierigkeit einer eindeutigen, mathematisch konsistenten Bestimmung der strukturellen Eigenschaften chaotischer Systeme eine Glaubensdiskussion um die Zulässigkeit nichtlinearer Modellbildung[100] entwickelt hat.

Das Phänomen des Auftretens von Zufälligkeit und Unvorhersagbarkeit in gänzlich deterministischen Systemen wurde von den sich damit beschäftigenden Autoren auf mannigfaltige Weise getauft.

Dynamische Stochastizität, eigengeneriertes Rauschen, intrinsische Stochastizität und hamiltonsche Stochastizität gehören zu diesen Namensschöpfungen wie viele andere mehr. Diese Begriffe sollen in dieser Arbeit unter dem Begriff "Chaos" oder genauer dem des "deterministischen Chaos" zusammengefaßt werden. Die hier verwandte Arbeitsdefinition von Chaos umfaßt im wesentlichen die vier folgenden Punkte:[101]

1. Die dem System zugrundeliegende Dynamik ist deterministisch.
2. Keinerlei externes Rauschen wird dem untersuchten System zugefügt.
3. Das anscheinend erratische Verhalten individueller Trajektorien hängt sensitiv von infinitesimal geringen Änderungen der Anfangsbedingungen ab.
4. Im Gegensatz zu einzelnen Trajektorien bestehen globale Charakteristika bzw. Größen, die nicht sensitiv von den Anfangsbedingungen abhängig sind.

Sind diese vier Eigenschaften erfüllt, so soll in dieser Arbeit von chaotischem Verhalten gesprochen werden. Die Punkte 1. und 2. sind in theoretischen Modellen leicht überprüfbar und Punkt 4. stellt als hypothetische Annahme die Basis für ökonometrische Untersuchungen dar. Punkt 3. hingegen bedarf einer zusätzlichen Bemerkung.

Der Anspruch der "sensitiven Abhängigkeit von den Anfangsbedingunen" in einer Definition über chaotisches Verhalten führt im Vergleich zur Chaosdefinition Li/Yorke's, aber auch der von Marotto und Diamond zu einer Verschärfung der Anforderungen. Dieser Anspruch beinhaltet, daß sich bei gegebener Parameterkonstellation zwei Halbtrajektorien mit einander infinitesimal nahen Anfangsbedingungen schon bald sehr weit voneinander entfernt haben können. Die durch

---

[100] *vgl. z.B. die kontroverse Diskussion zwischen Jan Tinbergen und Kurt Dopfer. Z.B. in: Journal of Economic Issues, 1991, Vol. 25, No. 1, S. 33–76*

[101] *vgl. Hao, B.-L. (1990), S. 5*

diesen Anspruch implizierte Verschärfung rührt nun daher, daß dieses auf mittlere Sicht nicht für jene Halbtrajektorien einer im z.B. Li/Yorke-Sinne chaotische Abbildung gilt, deren Ausgangspunkte — bei entsprechender Parameterausprägung — im Einzugsbereich des gleichen stabilen periodischen Zyklus liegen.

Der grundlegende Vorzug dieses Anspruchs im Gegensatz zu den vorhergehenden Definitionen chaotischen Verhaltens ist, daß der Nachweis der "sensitiven Abhängigkeit von den Anfangsbedingunen" bei gegebener Parameterkonstellation und gegebenen Systemgleichungen analytisch durchführbar ist oder bei vorliegendem empirischen Datenmaterial über numerische Analyse erfolgen kann. Insofern stellt dieses Kriterium, wie schon erwähnt, zwar eine Verschärfung der Definition chaotischen Verhaltens im Vergleich zu den vorherigen dar, bildet aber darüberhinaus ein durchgängiges und sinnvolles Bindeglied zwischen Theorie und Empirie.

5. Methoden zur Charakterisierung chaotischen Verhaltens

5.1 Spektralanalyse

Die spektralanalytischen Methoden dienen universell der Untersuchung zyklischer Phänomene, d.h. solchen Erscheinungen, die regelmäßige oder stochastische Schwankungen bzw. eine Kombination davon aufweisen. Die daraus entstehende Aufgabe der Spektralanalyse hinsichtlich der Anwendung bei chaostheoretischen Untersuchungen ist es, eine gegebene Zeitreihe in die ihr zugrundeliegenden harmonischen Reihen verschiedener Amplitude oder Wellenlängen zu zerlegen. Dabei werden die zu den harmonischen Schwingungen gehörenden Frequenzen und deren Gewicht an der Gesamtbewegung berechnet. Das Power- oder auch Leistungsspektrum ist ein Diagramm, in dem zu jeder harmonischen Frequenz deren Gewicht an der untersuchten Zeitreihe aufgetragen wird.

Eine beobachtete Zeitreihe mag bei Inspektion des Zeitreihenplots aufgrund von z.B.

- periodischem Verhalten mit sehr langer Periodendauer,
- quasi-periodischem Verhalten mit sehr vielen subharmonischen Frequenzen,
- deterministischem Chaos, aber auch z.B.
- algorithmen-spezifischem, d.h. computergeneriertem Rauschen

als reiner Zufallsprozeß erscheinen.[102,103]

Allgemein faßt man mit Hilfe spektralanalytischer Methoden zu untersuchende Zeitreihenwerte als Realisationen eines stochastischen Prozesses auf.[104] Da im Vordergrund dieser Arbeit die spätere analytische Behandlung ökonomischer Zeitreihen steht, soll der Bezugsrahmen im weiteren auf zeitdiskrete reelle stochastische Prozesse eingeengt werden.

Ein zeitdiskreter reeller stochastischer Prozeß $\{X_t \mid t \in T\}$ ist eine Folge von reellen Zufallsvariablen X_t, die von einem Parameter t abhängen, der diskrete Zeitpunkte kennzeichnet.[105]

Zur spektralanalytischen Behandlung sollte ein stochastischer Prozeß dem Kriterium der "schwachen Stationarität" genügen.

---

102 *Algorithmen zur approximativen Bestimmung von Ableitungen sind beispielsweise als gute Kandidaten für dieses "Computer-Rauschen" einzuschätzen*

103 *vgl. Lorenz, W. (1989), S. 168*

104 *vgl. Leiner, B. (1978), S. 21 ff.*

105 *vgl. Cox, D. R.; Miller, H. D. (1965), S. 51*

Ein stochastischer Prozeß $\{X_t \mid t \in T\}$ ist schwach stationär, wenn gilt:

1. Der Erwartungswert des stochastischen Prozesses $\{X_t\}$ ist endlich und von der Zeit t unabhängig, d.h. die Realisation dieses Prozesses weist keinerlei Trend auf

$$E\{X_t\} = \mu = \text{konstant} \qquad \text{mit } t \in T$$

2. Die Autokovarianzfolge besitzt ausschließlich endliche Werte und ist lediglich von der Zeitdifferenz τ und nicht von den diskreten Zeitpunkten t und $t + \tau$ abhängig:

$$\gamma_{t,t+\tau} = \gamma_\tau = Cov\{X_t, X_{t+\tau}\}$$

$$= E\{(X_t - \mu)(X_{t+\tau} - \mu)\}$$

Hieraus folgt für die Varianz des Prozesse:

$$\gamma_0 = Var\{X_t\} = E\{(X_t - \mu)^2\} = \sigma^2 = \text{konstant}$$

5.1.1 Beschreibung im Zeitbereich

Zur Beschreibung im Zeitbereich verwendet man die Autokorrelationskoeffizienten p_τ eines stochastischen Prozesses:

$$p_\tau = \frac{Cov\{X_t, X_{t+\tau}\}}{Var\{X_t\}} = \frac{\gamma_\tau}{\gamma_0} \quad \text{mit} \quad \tau \in T$$

Die Autokorrelationskoeffizienten p_τ sind ein Maß für die Korrelation zwischen den Werten einer Zeitreihe bei den diskreten Zeitabständen I und liegen im Bereich $-1 \leq p_\tau \leq 1$. Ein nahe bei +1 liegender Wert von p_τ zeigte hohe positive, eine naher bei -1 liegender Wert von p_τ hohe negative Korrelation an. Bei $p_\tau = 0$ liegt keine Korrelation der Zeitreihenwerte mit dem Lag von τ vor. Die graphische Darstellung der Folge von Autokorrelationskoeffizienten wird als Korrelogramm bezeichnet. Die Schwingungen einer Zeitreihe sind nun eingeschränkt aus dem Korrelogramm ablesbar. Bei einer Zeitreihe mit einer zyklischen Komponente ist das Ablesen dieser einfach. Treten jedoch Überlagerungen mehrerer Schwingungen auf, so gestaltet sich sowohl die Isolation als auch die Bestimmung der jeweiligen Periodendauer der Schwingungen als schwierig.[106]

[106] *vgl. Merz, J. (1978), S. 49*

5.1.2 Beschreibung im Frequenzbereich

Das Schwingungsverhalten eines stationären Prozesses kann jedoch über eine Transformation des Korrelogramms bzw. der Autokovarianzfolge im Frequenzbereich analysiert werden. Dabei wird der Prozeß in Komponenten zerlegt, die den Beitrag der einzelnen Schwingungen zur Gesamtvarianz zeigen.[107] Die einzelnen unabhängigen Schwingungskomponenten treten durch die Transformation in den Frequenzbereich isoliert hervor. Die Autokorrelationskoeffizienten als gewogene Mittel aller Schwingungskomponenten ließen im Zeitbereich diese Betrachtung nicht zu.

Die spektrale Darstellung einer Funktion wird mittels einer Fourier-Analyse erreicht, bei der man die Funktion anhand einer Summe von Sinus- und Kosinustermen approximiert.

Gemeinhin wird das Spektrum als die *Fourier-Kosinus-Transformierte der Autokovarianzfunktion* definiert.[108,109,110] Formal ausgedrückt erhält man:

$$f(\varpi) = 2\sum_{k=1}^{N-1} \gamma_k e^{-i2\pi fk}$$

$$= \left[\gamma_0 + 2\sum_{k=1}^{N-1} \gamma_k \cos 2\pi fk\right] \quad \text{mit} \quad =\leq f \leq \frac{1}{2}$$

Box & Jenkins zufolge kann man weiterhin davon ausgehen, daß der Grenzwert des Erwartungswertes für die Autokovarianzen

$$\lim_{N\to\infty} E[\hat{\gamma}_k] = \gamma_k$$

existiert, womit sich durch Grenzwertbildung das sogenannte Power-Spektrum[111] definieren läßt. Man erhält also für das Leistungs- oder auch Powerspektrum:

$$p(\varpi) = \lim_{N\to\infty} E[f(\varpi)] = 2[\gamma_0 + 2\sum_{k=1}^{\infty} \gamma_k \cos 2\pi fk], \quad 0 \leq f \leq \frac{1}{2}$$

107 *vgl. Wei, W. (1989), S. 234*

108 *vgl. Box, G.; Jenkins, G. (1976), S. 39*

109 *Die nachfolgenden Darstellungen lehnen sich formal an die von Box & Jenkins gewählten an.*

110 *Der von Physikern und Mathematikern bevorzugten Darstellungsweise, die Frequenz in Radians pro Zeiteinheit zu messen, soll hier nicht gefolgt werden, da es die Interpretation der graphischen Darstellung des Spektrums nur erschwert. Die Beziehung zwischen den beiden Darstellungsweisen ist jedoch sehr einfach:* $w \equiv 2\pi f$ *und somit* $f(w) \equiv [f(\varpi)]_{f=\varpi/2\pi}$.

111 *vgl. Box, G.; Jenkins, G. (1976), S. 40*

Zum Teil wird in der bestehenden Literatur auch darauf hingewiesen, daß es sich z.T. als vorteilhaft erweise, eine normierte Form der Spektraldichtefunktion zu verwenden, d.h. das Spektrum auf Basis der Autokorrelationskoeffizienten anstelle der Autokovarianzen zu errichten.[112] Man erhält in diesem Falle als resultierende Funktion

$$g(\varpi) = p(\varpi)/\sigma_x^2 \quad \text{mit} \quad Var\{X_t\} = \sigma_x^2$$

$$= 2[1 + 2\sum_{k=1}^{\infty} \rho_k \cos 2\pi f k] \quad \text{mit} \quad 0 \leq f \leq \frac{1}{2}$$

mit der Eigenschaft $\int_0^{0,5} g(\varpi)d\varpi = 1$. Diese ist die Ableitung der normierten Spektralverteilungsfunktion und gibt die Proportion der Varianz im Intervall $[f, f + df]$ an.[113]

5.1.3 Schätzung des Spektrums

Ist der erzeugende Prozeß nicht gegeben oder seine theoretische Spektraldichtefunktion analytisch nicht ableitbar, jedoch eine Realisation des Prozesses vorhanden, so muß bzw. kann das Spektrum aus der Realisation geschätzt werden. Zur Schätzung des Spektrums benötigt man gemäß der vorherigen Ausführungen die Autokovarianzen γ_k. Zu ihrer Schätzung sind grundsätzlich verschiedene Realisationen $\{X_t^j\}, j = 1, \ldots, J$ des zugrundeliegenden Prozesses nötig. Jedoch liegt mit einer ökonomischen Zeitreihe zumeist nur *eine* und zudem *endliche* Realisation $\{X_t \mid t = 1, \ldots, N\}$ vor. Grenander und Rosenblatt haben gezeigt, daß für ergodische Prozesse mit gegen unendlich strebender Zeitreihenlängen der Mittelwert und die empirische Autokovarianz dieser einen Zeitreihe mit dem Erwartungswert und der theoretischen Autokovarianz aller möglichen Realisationen $\{X_t^j\}$ des stationären Prozesses zu einem Zeitpunkt übereinstimmt.[114] Somit ist es prinzipiell möglich, die Autokovarianzen anstelle von Beobachtungen verschiedener Realisationen zu einem Zeitpunkt t aus einer Realisation, d.h. der Zeitreihe des stochastischen Prozesses zu bestimmen. Man ersetzt also die theoretischen Autokovarianzen γ_k durch ihren Schätzer $\hat{\gamma}_k$ und führt zur Approximation der unendlichen Reihe eine Gewichtungsfunktion λ_k ein, die die Autokovarianzfolge

---

112 *vgl. Box, G.; Jenkins, G. (1976), S. 41*
ebenso Chatfield, C. (1989), S. 98

113 *z.B. bauen Kendall, Stuart und Ord auf der Autokorrelationsfunktion auf. Vgl. dazu Kendall, M. G., Stuart, A. und Ord, J. K. (1983), S. 105 ff. Auf eine Diskussion soll jedoch im Rahmen dieser Arbeit verzichtet werden.*

114 *vgl. Grenander, V., Rosenblatt, M. (1957), Kapitel 1.7*

auf das Intervall $[0, M]$, mit M als zu wählender maximaler Zeitdifferenz mit $M \leq N-1$, einschränkt. Durch die Gewichtungsfunktion λ_k werden lediglich eine begrenzte Anzahl der Autokovarianzwerte betrachtet, was zu ihrer Bezeichnung "Fensterfunktion" oder auch "lagwindow" geführt hat. Da mit zunehmendem Zeitabstand k die Varianz der Schätzfunktion für die Autokovarianzen zunimmt, sind Gewichte λ_k mit abnehmenden Betrag für $0 \leq k \leq M$ einzuführen, die mit wachsendem k die geschätzten Autokovarianzen $\hat{\gamma}_k$ geringer gewichten und somit zu konsistenten Schätzwerten $\hat{f}(\varpi)$ führen.

Man erhält als Schätzfunktion:

$$\hat{p}(\varpi) = 2[\lambda_k \hat{\gamma}_0 + 2 \sum_{k=1}^{N-1} \lambda_k \hat{\gamma}_k \cos 2\pi f k]$$

Zur konkreten Schätzung sind nunmehr die Fensterfunktion λ_k, die maximale Zeitdifferenz M und die Frequenzen zu bestimmen, für die das Spektrum geschätzt werden soll. Üblicherweise wird das Spektrum im Intervall $0 \leq f \leq 0,5$ geschätzt. Zur Bestimmung der Zeitdifferenz M schlägt Chatfield als Daumenregel $M = 2\sqrt{N}$ vor.[115] Es empfiehlt sich, verschiedene Werte von M auszuprobieren, da ein zu kleines M glättend wirkt, ein zu großes M das Spektrum zu stark erratisch erscheinen läßt. Jenkins & Watts[116] empfehlen das Ausprobieren von drei verschiedenen Werten für M, mit der Begründung, daß ein kleines M Hinweise auf die starken Amplituden im Spektrum gibt, ein großes M eine vielleicht zu große aber zumindest ausreichende Anzahl von "Peaks" zeigt und somit das Auffinden eines guten dritten Wertes für M möglich ist. Hannan schreibt dazu:[117] "Experience is the real teacher and that cannot be got from a book."

Ebenso ist die Frage der Wahl einer geeigneten Fensterfunktion nicht unumstritten. Eine Übersicht über mögliche Fensterfunktionen gibt z. B. Hannan.[118] Der Vollständigkeit halber seien jedoch zumindest die beiden wohl geläufigsten Fensterfunktionen genannt:

115 *vgl. Chatfield, C. (1989), S. 115*
116 *vgl. Jenkins, G., Watts, D. (1968), S. 128*
117 *vgl. Hannan, E. J. (1970), S. 311*
118 *vgl. Hannan, E. J. (1970), Kapitel 5.4*

- das Tukey-Fenster, mit

$$\lambda_k = \frac{1}{2}\left(1 + \cos\frac{\pi k}{M}\right) \qquad k = 0, 1, \ldots, M$$

- das Parzen-Fenster mit

$$\lambda_k = \begin{cases} 1 - 6\left(\frac{k}{M}\right)^2 + 6\left(\frac{k}{M}\right)^3 & \text{wenn} \quad 0 \leq k \leq \frac{M}{2} \\ 2\left(1 - \frac{k}{M}\right)^3 & \text{wenn} \quad \frac{M}{2} \leq k \leq M \end{cases}$$

5.1.4 Interpretation des Spektrums

Bei diskreter Gestalt des zugrundeliegenden dynamischen Systems korrespondiert eine starke Amplitude mit einem 2–perodischen Zyklus, das Auftreten zwei weiterer "Peaks" mit einem 4–periodischen Zyklus und 7 Peaks mit einem 8–periodischen Zyklus usw. Verteilt sich die Varianz des Prozesses im Spektralbereich jedoch nicht auf stark ausgeprägte einzelne Frequenzen, sondern auf ein breites Frequenzband, so ist zumindest ein dynamisches Verhalten des Prozesses mit sehr vielen Perioden zu konstatieren. Treten keine signifikanten Peaks im Spektrum in Erscheinung, so spricht man auch von einem "breitbandigem Spektrum"[119]. Bei Vorliegen eines breitbandigen Spektrums ist nun die Realisation des zugrundeliegenden dynamischen Systems entweder aperiodisch oder rein zufällig.[120]

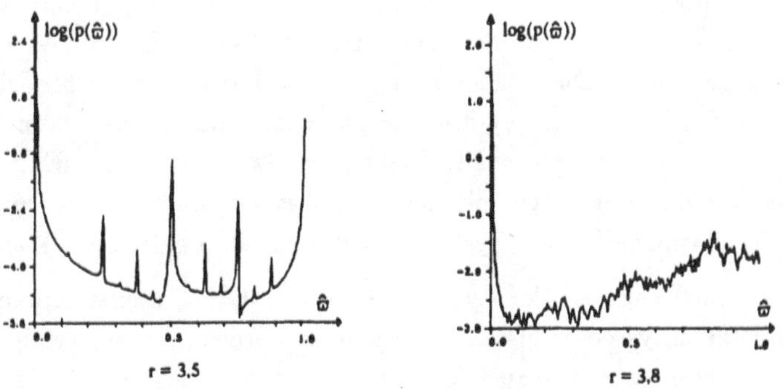

Abbildung 5.1 — Powerspektra der logistischen Funktion bei periodischem Verhalten $r = 3,5$, links und bei chaotischem Verhalten $r = 3,8$ rechts.

[119] *vgl. Baker, G. H.; Gollub, J. P. (1990), S. 61*

[120] *vgl. Bergé, P. (1986), S. 58 ff.*

Die Abbildungen 5.1(links) und 5.1(rechts) zeigen veranschaulichend dazu Leistungsspektra der logistischen Gleichung für verschiedene Werte des Parameters r. In Abbildung 5.1(links) ist das Leistungsspektrum für $r = 3.5 < r_\infty$ dargestellt. Dieses Spektrum weist signifikante Peaks auf und weist desweiteren eindeutig auf die Periodenverdopplungseigenschaft der logistischen Gleichung hin. Abbildung 5.1(rechts) zeigt das Spektrum der logistischen Gleichung im chaotischen Bereich mit $r = 3.8 > r_\infty$. Es ist nicht möglich, aus dem Spektogramm signifikante, andere dominierende Frequenzen zu isolieren. Abschließend sei angemerkt, daß mit der Methode der Spektralanalyse letztendlich konkret aber nur periodisches von aperiodischem Verhalten unterschieden werden kann[121] und ein breitbandiges Spektrum keine hinreichende Bedingung für sensitive Abhängigkeit von den Anfangsbedingungen darstellt. Jedoch "...it is, in practice, a reliable indicator of chaos".[122]

5.2 Lyapunov–Exponenten

Der Lyapunov–Exponent (bezeichnet nach dem russischen Mathematiker A.M. Lyapunov (1857–1918)) stellt ein Maß zur Bestimmung des Grades sensitiver Abhängigkeit von den Anfangsbedingungen eines Systems dar. Er bzw. im höherdimensionalen Fall sie eignen sich somit insbesondere als Indikator für Stabilität oder Chaos in der Analyse eines zu untersuchenden dynamischen Prozesses.

Lyapunov–Exponenten λ_i sind reelle Zahlen, die eine exponentielle Konvergenz ($\lambda < 0$), Neutralität ($\lambda = 0$) oder Divergenz ($\lambda > 0$) zweier eng benachbarter Trajektorien eines dynamischen Systems im zeitlichen Mittel beschreiben. Vereinzelt taucht in der gängigen Literatur dafür auch die Bezeichnung (Lyapunovscher) charakteristischer Exponent auf, der aber keinesfalls mit der Lyapunovschen Zahl verwechselt werden darf. Die Anzahl der Lyapunov–Exponenten richtet sich nach der Dimension des Phasenraumes, d.h. der Dimension des untersuchten dynamischen Systems. Ein n–dimensionales System besitzt n Lyapunov–Exponenten, d.h., daß sich die durch den dynamischen Prozeß erzeugten Trajektorien in Richtung jeder Dimensionsachse des Systems im Phasenraum entwickeln können.

Zur Veranschaulichung soll der Lyapunov–Exponent nun zuerst anhand eines zwei–dimenionalen Systems illustrativ hergeleitet werden. Danach erfolgt sowohl für den ein–dimensionalen wie auch für den mehr–dimensionalen Fall die korrekte mathematische Formalisierung.

[121] *vgl. Bergé, P. (1986), S. 60*
[122] *Baker, G. L., Gollub, J. P. (1990), S. 61*

Dazu betrachtet man nun ausgehend von einem dynamischen Prozeß der Form

$$f(\boldsymbol{x}) \qquad \text{mit} \qquad \boldsymbol{x} \in \mathbb{R}^n$$

einen gewisse Anzahl von Startpunkten in $\mathbb{R}^2$, die von einem Kreis K mit dem Radius r_K umschlossen werden. Nach N Perioden wird der Kreis K durch den dynamischen Streckungs- bzw. Stauchungsprozeß zu einer Ellipse verformt.

Abbildung 5.2 — Streckungs- und Stauchungsprozeß

Bezeichnet man die beiden Halbachsen der entstandenen Ellipse nach N Perioden mit $r_1^{(N)}$ und $r_2^{(N)}$ bzw., um insbesondere die *exponentielle* Dynamik der Entwicklung des zugrundeliegenden Prozesses zu untersuchen, mit $e^{\lambda_1 N}$ und $e^{\lambda_2 N}$, so läßt sich die Entwicklung der Halbachsen folgendermaßen beschreiben

$$e^{\lambda_i N} \cdot r_K = r_i^{(N)} \qquad \text{mit} \qquad i = 1,2$$

$$e^{\lambda_i N} = \frac{r_i^{(N)}}{r_K}$$

oder in logarithmierter Form

$$\lambda_i = \frac{1}{N} \, ln \, \frac{r_i^{(N)}}{r_K} \quad .$$

Nimmt man weiterhin an, daß der Grenzwert für $N \to \infty$ existiere[123], so kann man weiter umformen zu

$$\lambda_i = \lim_{N\to\infty} \frac{1}{N} \, ln \, \frac{r_i^{(N)}}{r_k} \quad .$$

Das Verhältnis $r_i^{(N)}/r_K$ wird gemeinhin als Lyapunov–Zahl γ_i und die Logarithmen der Lyapunov–Zahlen als Lyapunov–Exponenten λ_i bezeichnet.

[123] *Dieser Nachweis ergibt sich als Konsequenz des multiplikativen Ergodizitätstheorems. Vgl. dazu: Eckmann, J.-P.; Ruelle, D. (1985), S. 629*

5.2.1 Der Lyapunov–Exponent eines ein–dimensionalen zeitdiskreten Systems

Man betrachtet ein ein–dimensionales System

$$x_{n+1} = f(x_n)$$

und berechnet durch N Iterationen jeweils ein x_N und ein anfänglich ε von x_0 entferntes x'_N.

$$|x_N - x'_N| = \left|f^{(N)}(x_0) - f^{(N)}(x_0 + \varepsilon)\right|$$

$$= \left|\frac{df^{(N)}}{dx}(x_0)\right| \cdot |\varepsilon|$$

Unter Beachtung der Kettenregel folgt hieraus

$$|x_N - x'_N| = \varepsilon \prod_{i=0}^{N-1} \left|\frac{df}{dx}\left(f^{(i)}(x_0)\right)\right|$$

Den mittleren Streckungsfaktor γ pro Iteration erhält man durch Bildung des geometrischen Mittelwertes der lokalen Streckungsfaktoren

$$\gamma(N) = \left|\frac{df}{dx}\left(f^{(N)}(x_0)\right)\right|$$

$$\gamma = \lim_{N \to \infty} \left(\prod_{n=0}^{N-1} \gamma(n)\right)^{\frac{1}{N}}$$

und wird Lyapunov–Zahl genannt.

Die mittlere exponentielle Änderung einer infinitesimal kleinen Störung ε nach N Iterationen ist gegeben durch

$$|x_0 - x_0 + \varepsilon| \cdot e^{\lambda N} = |x_N - x'_N|$$

$$\varepsilon \cdot e^{\lambda N} = |x_N - x'_N|$$

Man erhält den Lyapunov–Exponenten durch logarithmieren und umstellen

$$\lambda = \frac{1}{N} \, ln \left| \frac{f^{(N)}(x_0) - f^{(N)}(x_0 + \varepsilon)}{\varepsilon} \right|$$

und durch Bildung der Grenzwerte $\varepsilon \to 0$ und $N \to \infty$

$$\lambda = \lim_{N \to \infty} \lim_{\varepsilon \to 0} \frac{1}{N} \left| \frac{f^{(N)}(x_0) - f^{(N)}(x_0 + \varepsilon)}{\varepsilon} \right|$$

$$\lambda = \lim_{N \to \infty} \frac{1}{N} \, ln \left| \frac{df^{(N)}(x_0)}{dx} \right|$$

$$\lambda = \lim_{N \to \infty} \frac{1}{N} \, ln \left| \prod_{i=0}^{N-1} f'(x_i) \delta x_0 \right|$$

$$\lambda = \lim_{N \to \infty} \frac{1}{N} \sum_{i=0}^{N-1} ln \, |f'(x_i)|$$

5.2.2 Das Spektrum der Lyapunov–Exponenten in höher–dimensionalen Systemen

Für höher–dimensionale dynamische Systeme der kontinuierlichen Form

$$\frac{d\boldsymbol{x}}{dt} \equiv \dot{\boldsymbol{x}} = \boldsymbol{F}(\boldsymbol{x})$$

bzw. deren zeitdiskreter Variante

$$\boldsymbol{x}_{t+1} = \boldsymbol{f}(\boldsymbol{x}_t) \qquad \text{mit} \qquad x \equiv (x_1, x_2, \ldots, x_n) \in \mathbb{R}^n$$

soll nun das Spektrum der Lyapunov–Exponenten analog dem zuvor beschriebenen ein–dimensionalen, zeitdiskreten Fall eingeführt werden.

Um die zeitliche Entwicklung einer infinitesimalen kleinen Störung eines Anfangszustandes $\boldsymbol{x}_0$ zu untersuchen, wird Nachbar $\boldsymbol{y}_0 = \boldsymbol{x}_0 + \varepsilon$ von $\boldsymbol{x}_0$, gewählt und der Streckungsfaktor[124]

$$\frac{|\boldsymbol{f}'\boldsymbol{y}_0 - \boldsymbol{f}'\boldsymbol{x}_0|}{|\boldsymbol{y}_0 - \boldsymbol{x}_0|}$$

124 *Ist der Streckungsfaktor kleiner 1 handelt es sich trivialerweise um einen Stauchungsfaktor.*

der anfänglichen Störung $\boldsymbol{y}_0 - \boldsymbol{x}_0$ für $\boldsymbol{y}_0 \to \boldsymbol{x}_0$ nach der Zeit t betrachtet. Im Unterschied zum ein-dimensionalen Fall hat man beim n-dimensionalen Fall natürlich zu beachten, daß dieser Faktor allgemein vom Weg abhängt, auf dem $\boldsymbol{y}_0$ gegen $\boldsymbol{x}_0$ strebt. Um gerade diese Abhängigkeit zu untersuchen, wird als Hilfskonstruktion ein glattes Kurvenstück $\mathfrak{K}(s)_{s\in[0,1]} \subset \mathbb{R}^n$ betrachtet, auf dem $\boldsymbol{y}_0$ gegen $\boldsymbol{x}_0$ strebt. Dabei ist $\mathfrak{K}(0) = \boldsymbol{x}_0$, $\mathfrak{K}(1) = \boldsymbol{y}_0$ und der Tangentenvektor

$$\boldsymbol{z}_0 \equiv \lim_{s\to 0} \frac{\mathfrak{K}(s) - \boldsymbol{x}_0}{s}$$

Der Streckungsfaktor der infinitesimal kleinen Störung von $\boldsymbol{x}_0$ in Richtung des Tangentenvektors $\boldsymbol{z}_0$ ist somit durch

$$\lim_{s\to 0} \frac{|\boldsymbol{f}^t\mathfrak{K}(s) - \boldsymbol{f}^t(\boldsymbol{x}_0)|}{|\mathfrak{K}(s) - \boldsymbol{x}_0|} = \frac{|D\boldsymbol{f}^t(\boldsymbol{x}_0)\boldsymbol{z}_0|}{|\boldsymbol{z}_0|}$$

gegeben.

Dabei ist $D\boldsymbol{f}^t(\boldsymbol{x}_0)$ die für die lineare Approximation benötigte Jacobi-Matrix

$$J = \begin{pmatrix} \frac{\delta f_1}{\delta x_1} & \cdots & \frac{\delta f_1}{\delta x_n} \\ \vdots & \ddots & \vdots \\ \frac{\delta f_n}{\delta x_1} & \cdots & \frac{\delta f_n}{\delta x_n} \end{pmatrix}$$

der Funktion $\boldsymbol{f}^t$ im Punkt $\boldsymbol{x}_0$.

Der Tangentenvektor $\boldsymbol{z}_t$ an das Kurvenstück $\boldsymbol{f}^t\mathfrak{K}(s)$ im Punkt $\boldsymbol{f}^t\boldsymbol{x}_0$ ist dabei gegeben durch

$$\begin{aligned} \boldsymbol{z}_t &= D\boldsymbol{f}^t(\boldsymbol{x}_0) \cdot \boldsymbol{z}_0 \\ &= D\boldsymbol{f}(\boldsymbol{x}_{t-1}) \cdot D\boldsymbol{f}(\boldsymbol{x}_{t-2}), \ldots, D\boldsymbol{f}(\boldsymbol{x}_0) \cdot \boldsymbol{z}_0 \end{aligned}$$

n-linear unabhängige Tangentenvektoren im Punkt $\boldsymbol{x}_t = \boldsymbol{f}^t\boldsymbol{x}_0$ spannen somit also einen n-dimensionalen linearen Tangentialraum $\boldsymbol{T}_{\boldsymbol{x}_t}\mathbb{R}^n$ im Punkt $\boldsymbol{x}_t$ auf.[125] Zeigt $\boldsymbol{z}_0$ in die Richtung des i-ten Eigenvektors von $D\boldsymbol{f}(\boldsymbol{x}_0)$, so ist der Streckungsfaktor durch den Betrag $\gamma_i(t)$ des entsprechenden i-ten Eigenwertes gegeben. Der mittlere Streckungsfaktor pro Iteration ist dann wieder das geometrische Mittel.

$$\gamma_i = \left(\lim_{t\to\infty} \gamma_i(t)\right)^{\frac{1}{t}}, \qquad \text{mit} \quad i = 1, 2, \ldots, n$$

Entsprechend des ein-dimensionalen Systems kann man nun das Lyapunov-Spektrum, d.h. die Summe aller Lyapunov-Exponenten, durch

125 *vgl. z.B. Arnol'd, V.I. (1979)*

$$\lambda_i = \lim_{t \to \infty} \frac{1}{t} \, ln \, \gamma_i(t), \qquad \text{mit} \quad i = 1, 2, \ldots, n$$

bestimmen. Allgemein ordnet man die so erhaltenen einzelnen Lyapunov-Exponenten der Größe nach und indiziert in absteigender Reihenfolge

$$\lambda_1 \geq \lambda_2 \geq \lambda_3 \geq \ldots \geq \lambda_n \quad .$$

Der größte Lyapunov-Exponent erhält den Index 1, während man den kleinsten Lyapunov-Exponenten dieser allgemeinen Konvention zufolge mit λ_n referiert. Definitionsgemäß korrespondiert eine exponentielle Expansion entlang einer Achse im Phasenraum mit einem positiven Lyapunov-Exponenten und eine exponentielle Kontraktion entlang einer Achse mit einem negativen Lyapunov-Exponenten.[126] Somit muß die Summe aller Lyapunov-Exponenten λ_i die mittlere exponentielle Kontraktion bzw. Expansion des Phasenraumes messen, d.h. die gleiche Quantität wie die Divergenz des Vektorfeldes $\boldsymbol{F}$, die das dynamische System beschreibt.

$$\lim_{N \to \infty} \frac{1}{N} \sum_{n=0}^{N-1} ln \left| det \, D\boldsymbol{f}^t(\boldsymbol{x}_0) \right| = \sum_{i=1}^{n} \lambda_i$$

Ist $|det \, D\boldsymbol{f}(\boldsymbol{x})| < 1$ für alle $\boldsymbol{x} \in \mathbb{R}^n$, folgt daraus zwingend, daß die Summe der Lyapunov-Exponenten $\sum_{i=1}^{n} \lambda_i < 0$ ist.[127] Somit läßt sich die Summe aller Lyapunov-Exponenten als Maß zur Klassifizierung des untersuchten dynamischen Prozesses in konservativ (das Volumen des Phasenraumes bleibt gleich) bzw. dissipativ (das Volumen des Phasenraumes nimmt über die Zeit ab) heranziehen.

Konservative Systeme	Dissipative Systeme
$\sum_{i=1}^{n} \lambda_i = 0$	$\sum_{i=1}^{n} \lambda_i < 0$

[126] *vgl. Wolf, A. et al. (1985), S. 287*
[127] *vgl. dazu auch Kapitel 3.2*

Daß die Phasenraumvolumina bei konservativen Systemen im Laufe der dynamischen Entwicklung konstant bleiben, geht unmittelbar aus dem Liouvilleschen Theorem hervor.[128] Dennoch können die Phasenraumvolumina im Verlauf des dynamischen Entwicklungsprozesses beliebig verzerrt werden.[129]

Solche "Verzerrungen" treten auch bei dissipativen Prozessen mit $\sum_{i=1}^{n} \lambda_i < 0$ auf. Hinzu kommt jedoch die Nichterfüllung des Liouville-Theorems, d.h. eine Kontraktion des Phasenraumes, so daß die Phasenraumvolumina nicht nur verzerrt werden, sondern im asymptotischen Grenzfall gegen Null gehen.[130] Daß die Volumina gegen Null laufen, heißt jedoch nicht, daß immer stabile Zustände erreicht werden, die Punkten im Phasenraum entsprächen, sondern nur, daß die asymptotischen Grenzkonfigurationen von niedrigerer Dimension sind als die Ausgangskonfigurationen der dissipativen Systeme.[131] Exkursiv sei an dieser Stelle kurz auf die zwangsläufige Implikation hingewiesen, daß aufgrund der vorgenannten Ausführungen nicht ganzzahlig-dimensionale, also fraktale "seltsame" Attraktoren ausschließlich aus dissipativen Prozessen herrühren, während man bei konservativen Systemen äquivalent dazu "chaotische Regionen", nicht jedoch seltsame Attraktoren im Phasenraum vorfindet.[132] Man kann jedoch davon ausgehen, daß ökonomische Prozesse generell von dissipativer Natur sind und das Auftreten von seltsamen Attraktoren im chaotischen Systemzustand wahrscheinlich ist. Aufgrund gewisser Einschränkungen[133] mißt man dem Lyapunov-Spektrum bzw. im ein-dimensionalen Fall dem Lyapunov-Exponenten eher qualitative als quantitative Bedeutung zu. Es ist das Spektrum der Vorzeichen der Lyapunov-Exponenten, die ein qualitatives Abbild des systeminternen dynamischen Zustandes wiedergeben, wodurch eine Klassifikation verschiedener dynamischer Systemzustände anhand dieses Spektrums möglich wird. Diese Klassifikation ist nachstehend in tabellarischer Form dargestellt.

---

[128] *vgl. Schuster, H.-G. (1988), S. 185 f.*

[129] *vgl. Brillouin, L. (1964), Kapitel 9 und 10*

[130] *vgl. Hellemann, R. H. G. (1984), S. 454*

[131] *Die Ausgangskonfiguration des Lorenzmodells ist dreidimensional, während der asymptotische Grenzzustand, der Lorenzattraktor, eine Dimension von $\approx 2,06$ besitzt.*

[132] *vgl. Kapitel 3.3 und 3.4*

[133] *vgl. die nachfolgender Ausführungen über die numerische Approximation von Lyapunov-Exponenten aus empirisch gewonnenem Datenmaterial und insbesondere die damit verbundenen Einschränkungen zum Aussagegehalt der so gewonnenen Lyapunov-Exponenten.*

Spektrum der Lyapunov-Exponenten	Zustandsraumverhalten	Phasenraumverhalten	Verhaltensklassifikation und Attraktortyp
(–, –, ... , –)	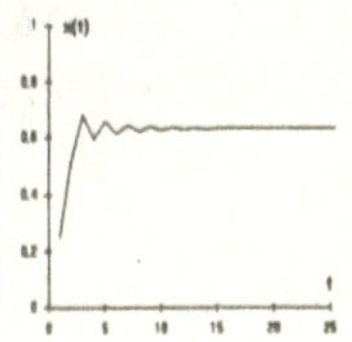	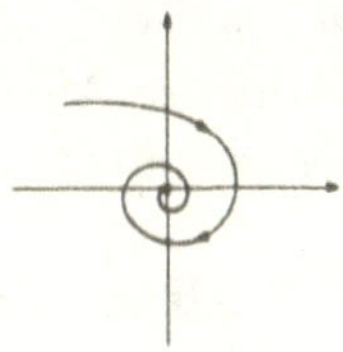	Stabilität Fixpunkt
(0, –, –, ... , –)	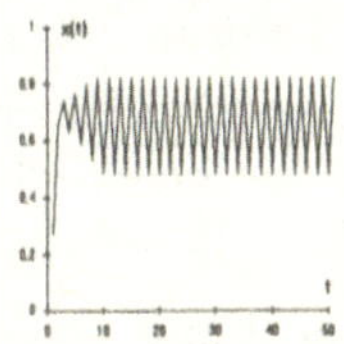	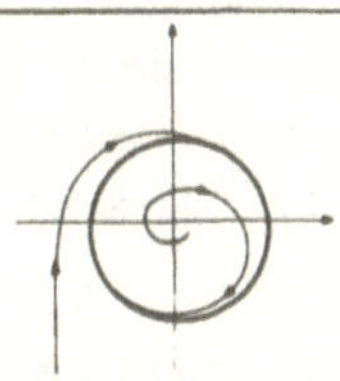	Periodizität Grenzzyklus
$(\underbrace{0, 0, \ldots, 0}_{m}, -, -, \ldots, -)$	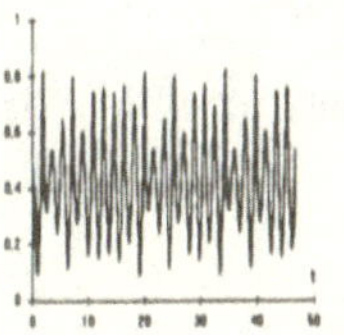	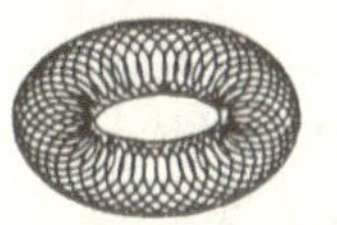	Quasiperiodizität stabiler m–Torus
(+, 0, –, –, ... , –)	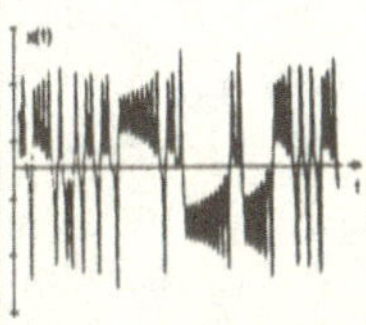	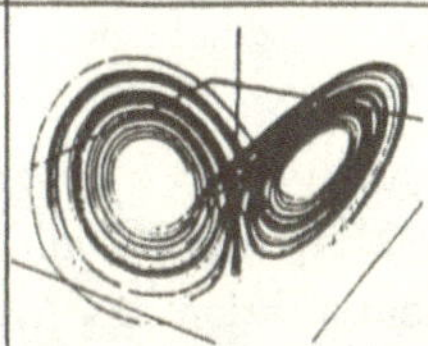	Chaotisches Verhalten "seltsamer Attraktor"
(+, +, ... , +, 0, –, –, ..., –)	?	?	Hyperchaotisches Verhalten "seltsamer Attraktor"

Tabelle 5.1 — Klassifikation dynamischen Verhaltens anhand von Lyapunov–Exponenten

5.2.3 Methoden zur Schätzung von Lyapunov–Exponenten

Üblicherweise ist bei ökonometrischen Untersuchungen damit zu rechnen, daß der eine Realisation einer ökonomischen Variablen generierende Prozeß selbst nicht bekannt ist. Jedoch ist im allgemeinen eine Anzahl N von Realisationen einer Variablen, die zu regelmäßigen Intervallen $1, \Delta t, 2\Delta t, \ldots, N\Delta t$ beobachtet wurden, vorhanden. Um die im vorherigen Abschnitt analytisch definierten Lyapunov–Exponenten aus einer skalaren Zeitreihe

$$\{X(i) \in \mathbb{R}\}, \qquad \text{mit} \quad i = 1, \ldots, n$$

zu bestimmen, kommen verschiedene Algorithmen in Betracht.[134] Das Ziel der Untersuchung einer Zeitreihe anhand von Lyapunov–Exponenten sollte es sein, im Idealfall zwischen den 3 nachstehend aufgeführten Kriterien unterscheiden zu können:[135]

1. $\{X(i)\}$ rührt aus einem deterministischen Prozeß her und weist höchstens periodisches oder quasi–periodischen Verhalten auf.
2. $\{X(i)\}$ rührt aus einem deterministischen Prozeß her, läßt sich jedoch nicht unter (1.) einordnen, da $\{X(i)\}$ "quasi–zufälliges" Verhalten zeigt.
3. $\{X(i)\}$ ist rein stochastisch.

Dieser Einteilung folgend, ist chaotisches Verhalten durch den Punkt 2. charakterisiert. Da angenommen werden kann, daß $X(i)$ eine skalare Komponente eines mehr–dimensionalen Prozesses ist, besteht der erste Schritt, bei jeder der nachfolgend dargestellten Methoden zur numerischen Berechnung von Lyapunov–Exponenten, in der Rekonstruktion des Attraktors der beobachteten Zeitreihe. Dabei wird angenommen, daß sich das Verhalten der zu untersuchenden Zeitreihe durch einen endlich–dimensionalen Attraktor, dessen dynamische Eigenschaften durch eine Zeit–Delay–Rekonstruktion wiedergewonnen werden können, abbilden läßt, vorausgesetzt allerdings, daß die Einbettungsdimension m groß genug gewählt ist.

---

[134] *Es muß angemerkt werden, daß gerade auf dem Gebiet der Entwicklung von Algorithmen, die in Verbindung zur Chaostheorie stehen z.Zt. eine sehr dynamische Entwicklung zu verzeichnen ist.*

[135] *vgl. Briggs, K. (1990), S. 27*

5.2.3.1 Rekonstruktion des Phasenraums

Es ist bekannt, daß sich die Trajektorien dissipativer dynamischer Systeme nach einer transienten Einschwingphase auf einem Attraktor einfinden. Die geometrische Struktur eines solchen Attraktors gibt bereits sehr detailliert Aufschluß über die dem System zugrundeliegende Dynamik. So entspricht ein Fixpunktattraktor im Phasenraum einem stationären Regime, während z.B. ein Grenzzyklus mit periodischen Bewegungen korrespondiert.[136]

Chaotische Dynamik führt in dissipativen Systemen im allgemeinen zur Ausbildung der sogenannten "seltsamen Attraktoren", die im Phasenraum fraktale Gebilde darstellen. Trotz ihrer Kompliziertheit, d.h. trotz ihrer fraktalen Eigenschaften besitzen diese Attraktoren einen weitaus höheren Grad an Ordnung und Struktur als die diffusen Wolken stochastischer Prozesse. Insofern entspricht die Existenz eines niedrig-dimensionalen chaotischen Attraktors einer Art von "Korrelation im Phasenraum", die sich im Regelfall nicht in der Autokorrelationsfunktion wiederspiegelt.[137] Daraus geht eindeutig hervor, daß die Suche nach Attraktorstrukturen als eine echte Erweiterung des methodischen Instrumentariums der Zeitreihenanalyse betrachtet werden sollte.

In der Regel und insbesondere bei sozialwissenschaftlichen Prozessen wird i. allg. nicht ein vollständiger Satz von Zustandsgrößen gemessen. Meist wird lediglich eine diskret-skalare Größe $x(t)$ als Funktion der Zeit t gemessen. Somit scheint, vom theoretischen Standpunkt aus betrachtet, eine Untersuchung im eigentlichen Phasenraum, zu der die Kenntnis aller Zustandsgrößen und deren Ausprägungen gehört, ausgeschlossen. Sei nun $\{\boldsymbol{x}(t)\}_t$ ein m-dimensionaler Vektor von Zeitsignalen, die aus einer Beobachtung stammen, dann können durch mehrfache Differenzierung von $\boldsymbol{x}(t)$ nach der Zeit neue Zeitsignale erhalten werden. Diese können zu einem Vektor

$$\boldsymbol{u}(t) \equiv \left(\boldsymbol{x}^{(0)}(t), \boldsymbol{x}'e^{(1)}, \ldots, \boldsymbol{x}^{(k-1)}(t)\right) \in \mathbb{R}^n$$

mit $n = k \times m$ und $\boldsymbol{x}^{(i)}(t) = \frac{d^{(i)}\boldsymbol{u}(t)}{dt^i}, \quad i = 0, 1, 2, \ldots, k-1$

zusammengefaßt werden.[138] Da jedoch die Differenzierung von beobachteten Zeitsignalen verrauschend wirkt, hat sich nach einem Vorschlag von Packard et al.[139]

---

136 *vgl. dazu Kapitel 3.4.3 und 3.4.4*

137 *Als Beispiel sei die logistische Funktion bei $r = 4$ angeführt, die die gleiche Korrelationsfunktion wie unabhängige Zufallszahlen besitzt.*

138 *vgl. Eckmann, J.-P.; Ruelle, D. (1985), S. 627*

139 *vgl. Packard, N. H.; et al. (1980), S. 712 ff.*

die Betrachtung zeitlicher Versetzungen des Ausgangssignals, d.h. die Einführung von Delay-Koordinaten, bewährt.

$$x(t) = \{x(t), x(t+\tau), x(t+2\tau), \ldots, x(t+(m-1)\tau)\}$$

Dabei kann τ zumindest in idealtypischen rauschfreien Zeitreihen prinzipiell beliebig (positiv) gewählt werden.[140] τ sollte jedoch wegen des fast immer vorhandenen Rauschens so groß gewählt werden, daß die Struktur eines etwaigen Attraktors gut aufgelöst wird.[141]

Sehr kleine Delay-Zeiten erweisen sich als ungünstig, da sich die Koordinaten $x(t)$ und $x(t+\tau)$ nur geringfügig unterscheiden und somit dazu führen, daß ein Attraktor entlang der Diagonalen gestreckt wird.[142] Die Einbettungsdimension m sollte so groß gewählt sein, daß sich die Trajektorien im $\mathbb{R}^m$ nicht schneiden, würde dieses doch einem deterministischen Modell widersprechen. Trotz der Annahme, daß alle wesentlichen Aspekte der Bewegung des Systems durch ein deterministisches Modell der Form

$$\boldsymbol{x}(t+1) = \boldsymbol{f}(\boldsymbol{x}(t)) \quad \text{bzw.} \quad \frac{d\boldsymbol{x}}{dt} \equiv \dot{\boldsymbol{x}} = \boldsymbol{F}(\boldsymbol{x})$$

beschrieben werden könnten, kann die zuvor genannte Bedingung für hinreichend lange Zeitreihen wegen des anzunehmenden vorhandenen Rauschens im allgemeinen nicht für *endliche* Werte von m erfüllt werden. Da jedoch per definitionem auch die Projektion eines seltsamen Attraktors im unendlich-dimensionalen Raum eine endliche Hausdorff-Dimension besitzt, ist es nach einem Theorem von Mañé hinreichend, $m \geqq 2D_H + 1$ zu wählen. Durch Mañé's und darüberhinaus Takens Theorem ist somit garantiert, daß für hinreichend große m die Einbettung des Attraktors eindeutig ist.

Mañé's Theorem[143]

Es sei A eine kompakte Menge im Banachraum B und E ein Unterraum mit endlicher Dimension, so daß gilt:

$$dim\ E > dim_H(A \times A) + 1 \quad \text{und}$$
$$dim\ E > 2dim_K(A) + 1$$

140 *vgl. dazu und hinsichtlich der Wahl von τ Schuster, H.-G. (1988), S. 119 ff.*

141 *vgl. Fraser, A. M.; Swinney, H. L. (1986), S. 1134 ff.*

142 *Ein angemessenes "Anfangs-τ" ergibt sich aus dem Lag, an dem die Autokorrelationen in einer Zeitreihe zum ersten Mal nahezu Null sind.*
Vgl. dazu: Roux, J.-C.; et al. (1983), S. 257 ff.

143 *vgl. Mañé, R. (1981), S. 230 ff.*

mit dim_H als Hausdorff-Dimension und dim_K als Kapazität. Dann ist die Menge der Projektionen $\pi : B \rightarrow E$ *dicht* unter allen Projektionen $B \rightarrow E$.

Taken's Theorem[144]
Es sei M eine kompakte Mannigfaltigkeit der Dimension n, $F : M \longrightarrow M$ ein C^2 Diffeomorphismus, $g : M \longrightarrow M$ eine C^2 Funktion und $m \geq (2n+1)$.
Dann ist die Aussage:

$$\text{"}J_m(x) = (g(x), g(F(x)), \ldots, g(F^{m-1}(x))) \quad \text{ist eine Einbettung"}$$

eine generische Eigenschaft von (F, g).[145]

Liegt also eine Datenreihe $\{y_t\}$ vor, so können anstelle der x_t die m–Einbettungen $y_t^m = (y_t, .., y_{t+m-1})$ untersucht werden. Die $y_t = g(x_t)$ werden dabei als Meßergebnisse aufgefaßt. Die $y_t^m = J_m(x_t)$ besitzen folglich (generisch) die gleichen dynamischen Eigenschaften wie x_t.

Das soweit skizzierte Verfahren der Einbettung kann als eine Art von Koordinatentransformation verstanden werden. Wichtige Charakteristika, wie z.B. die Dimensionmaße, Lyapunov–Exponenten und die Kolmogorov–Entropie sind gegenüber solchen Transformationen invariant, so daß sie mit den in den folgenden Kapiteln diskutierten Algorithmen im rekonstruierten Phasenraum bestimmt werden können.[146]

Dennoch kann aber auch die graphische Darstellung der geschilderten Einbettung selbst bereits erste charakteristische Strukturen eines Attraktors, d.h. erste Hinweise zur Unterscheidung von deterministischen oder etwa stochastischen Prozessen, bereithalten.[147]

Ein weiteres Untersuchungsinstrument auf der Suche nach chaotischen Strukturen stellt die Methode der Poincaré–Abbildung dar, deren Anwendung bei Unkenntnis

144 *vgl. Takens, F. (1981), S. 366 ff.*

145 *Eine Aussage gilt generisch, falls sie auf einer Teilmenge gilt, die eine offene dichte Menge umfaßt. Vgl. z.B. Perko, L. (1991), S. 202 ff.*

146 *Exkursive Überlegung: Man gehe davon aus, daß eine Zeitreihe eine Projektion eines mehrdimensionalen Prozesses auf eine Dimension darstellt. Aufgrund dieser Projektion ist anzunehmen, daß Punkte, die im m-dimensionalen Raum* **nicht** *benachbart sind, in der eindimensionalen Betrachtung als benachbart erscheinen. Es handelt sich folglich um "falsche Nachbarn". Nimmt man Einbettungen für zunehmende m vor, so sollte die Anzahl der "falschen Nachbarn" nicht nur zurückgehen, sondern im Idealfall gegen 0 konvergieren. Die Einbettungsdimension m, in der keine falschen Nachbarn mehr vorhanden sind, stellt zwangsläufig eine zulässige und vollständige Rekonstruktion des Phasenraums dar. Es soll abschließend angemerkt werden, daß sich ein solcher Ansatz grundsätzlich von dem von Grassberger & Proccacia (vgl. Kap. 5.3.5) vorgeschlagenen Verfahren unterscheidet.*

147 *vgl. Roux, J.-C.; et al. (1983), S. 257 ff.*

der dem untersuchten System zugrundeliegenden Systemgleichungen jedoch nicht als unproblematisch gilt.[148]

5.2.3.2 Poincaré–Abbildungen

Um die Behandlung eines zeitkontinuierlichen Systems zu vereinfachen, wird häufig auf die Methode der Poincaré–Abbildung zurückgegriffen. Hierbei wird ein Fluß $\boldsymbol{F}$ in Differenzengleichungen $\boldsymbol{f}$ überführt. Dieses ist gerade dann sinnvoll, wenn nach den qualitativen Eigenschaften der Entwicklung eines dynamischen Systems gefragt wird, der genaue Verlauf einer Trajektorie zu beliebigen Zeitpunkten jedoch vernachlässigt werden kann. Das Besondere an diesem Vorgehen ist, daß ein n–dimensionaler Fluß auf eine m–dimensionale Abbildung mit $0 < m < n$ verringert werden kann, ohne daß dabei Informationen über das dynamische Verhalten des Flusses verloren gehen.[149] Hierzu wird eine Teilmenge H einer $(n-1)$-dimensionalen Hyperfläche H' im Phasenraum $\mathbb{R}^n$ definiert, die den Orbit überall transversal schneidet. Sind $\boldsymbol{x}(i)$ mit $i = 0, 1, 2, \ldots$ die sukzessiven Durchstoßpunkte eines Orbits $\boldsymbol{x}(t)$ durch H, so wird hiermit die Poincaré–Abbildung $\boldsymbol{P} : H \rightarrow H$ mit $\boldsymbol{y}(i+1) = \boldsymbol{P}(\boldsymbol{y}(i))$ definiert, wobei die $\boldsymbol{y}(i)$ die $(n-1)$-dimensionale Projektion der $\boldsymbol{x}(i)$ auf H bezeichnen. Jedoch erfordert die Angabe der Poincaré–Abbildung die Kenntnis der allgemeinen Lösung des Flusses $\boldsymbol{F}$ und stellt somit zunächst nicht unbedingt eine Vereinfachung dar. In vielen Fällen läßt sich $\boldsymbol{P}$ qualitativ bzw. näherungsweise durch Störungsrechnung oder Mittelungsverfahren erhalten.[150]

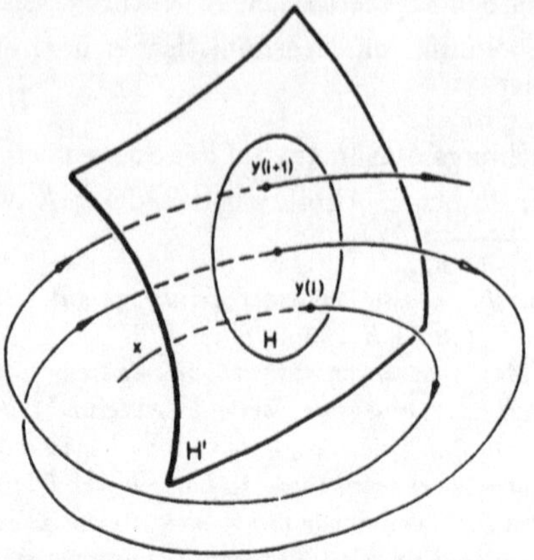

Abbildung 5.3 — Beispiel einer Poincaré–Abbildung

[148] *vgl. Ruelle, D. (1989), S. 31*

[149] *vgl. Shaw, R. S. (1981), S. 95*
Ebenso: Crutchfield, J. P.; et al. (1989), S. 19

[150] *Zu diesen Verfahren vgl. z.B. Jetschke, G. (1989), S. 84–87*

5.2.3.3 Die Lorenz–Abbildung

Ein anderer Weg, der ebenfalls zu einer diskreten Abbildung führt und darüberhinaus trotz seiner Einfachheit zu beeindrucken Ergebnissen führt, ist die von E. N. Lorenz beschriebene und nach ihm benannte Methode der Lorenzabbildung.[151]

Es bezeichne m_n das n–te lokale Maximum[152] und m_{n+1} das nächst–folgende lokale Maximum des untersuchten Datenvektors $\{\boldsymbol{x}(t)\}_t$. Die Lorenzabbildung der Zeitreihe erhält man, indem m_{n+1} gegen m_n darstellt wird. Die nachfolgenden Abbildungen zeigen die Lorenzabbildungen der logistischen Gleichung und der von Lorenz beschriebenen Konvektionsdynamik.

$m_n(z)$ stellt den n–ten Schnittpunkt des Datenvektors $\boldsymbol{z}$ mit der z–Ebene dar, genügt also der Bedingung $\frac{dz}{dt} = x \cdot y - b \cdot z = 0$. Es ergibt sich somit $z = \frac{x \cdot y}{b}$ unter der Bedingung $\frac{d^2 z}{dt^2} < 0$. Obwohl abgeleitet aus Schnittpunkten mit einer Ebene, stellt diese Abbildung keine Poincaré–Abbdildung dar, sondern ist lediglich eine Projektion davon. Diese Abbildung ist nicht invertierbar, da die Spezifizierung von lediglich einem Parameter (hier z) nicht ausreicht, um einen Punkt in einer zwei–dimensionalen Fläche zu definieren.[153]

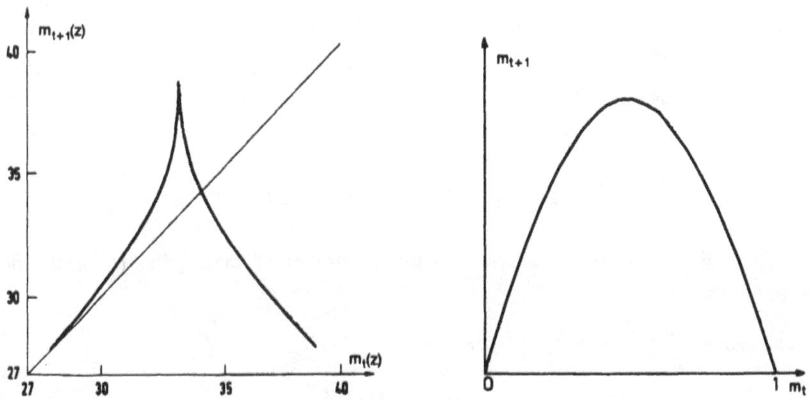

Abbildung 5.4 — Lorenz–Abbildungen des Lorenzattraktors (links) und der logistischen Funktion (rechts)

Es scheint bemerkenswert, daß die Methode der Lorenzabbildungen noch keinerlei Einbettung erfordert, sondern lediglich auf die im beobachteten Datenvektor

151 *vgl. Lorenz, E. N. (1963), S. 138 f.*

152 *Diese Methode ist ebenso auf lokale Minima anwendbar und führt zu den gleichen Ergebnissen. D.h. m_n kann ebenso ein n–tes lokales Minimum darstellen. Entsprechend stellt m_{n+1} dann das $n+1$–te lokale Minimum dar.*

153 *vgl. Manneville, P. (1990), S. 186*

vorhandenen relativen Maxima bzw. Minima abstellt. Ihre Leistungsfähigkeit zeigt sich deutlich am Beispiel der logistischen Abbildung. Wie schon erwähnt, bietet die Korrelationsfunktion keine Möglichkeit, die Sequenz $\{x_n\}$ von einer Zufallsfolge zu unterscheiden. Die graphische Darstellung der lokalen Maxima gegeneinander weist jedoch eindrücklich auf den deterministischen Ursprung des untersuchten Datenvektors hin. Gleiches gilt für den untersuchten Datenvektor $\{z(t)\}_t$ der von Lorenz beschriebenen Konvektionsdynamik. Die zugehörige Lorenzabbildung besitzt deutliche Ähnlichkeit mit der bekannten Zeltabbildung. Deutliche Hinweise auf sensitive Abhängigkeit von den Anfangsbedingungen ergeben sich darüberhinaus klar ersichtlich aus dem an jeder Stelle über 1 liegenden absoluten Betrag der Steigung der Kurve in der Lorenzabbildung.

5.2.3.4 Der Algorithmus von Benettin

Mit dem von Benettin et al.[154] vorgeschlagen und in enger Anlehnung an Shimada und Nagashima's[155] Methode stehenden Algorithmus lassen sich die Lyapunov-Exponenten eines durch eine gegebene Abbildung generierten Attraktors schätzen. Dieser Algorithmus besitzt somit nur Relevanz, wenn das untersuchte dynamische System analytisch definierbar ist.

Man geht von einer orthonormalen Basis, d.h. von einer orthonormalen Menge von Vektoren $\{u_1^{(0)}, \ldots, u_n^{(0)}\}$ aus. Im nächsten Schritt wird die Abbildung dieser Vektoren einen Zeitschritt weiter berechnet. Dieses bedeutet formal, ausgehend von einer beliebigen k-ten orthonormalen Menge:

$$\overline{u}_j^{(k+1)} = Df(x_k)u_j^{(k)}, \qquad \text{mit} \quad j = 1, 2, \ldots, n$$

Man erhält durch diese Berechnung eine Menge nicht orthogonaler, nicht normierter Vektoren.

Die Längenverhältnisse der Vektoren

$$\delta_1^{(k+1)} = \left\| \overline{u}_1^{(k+1)} \right\|$$

dienen der späteren Bestimmung der Lyapunov-Exponenten. Über die Gram-Schmidt-Methode wird eine Orthonormalisierung der neu gewonnenen Vektoren durchgeführt, so daß

[154] *Benettin, G.; et al. (1980), S. 9 ff.*

[155] *Shimada, I.; Nagashima, R. (1979), S. 1605 ff.*

$$u_1^{(k+1)} = \frac{\overline{u}_1^{(k+1)}}{\delta_1^{(k+1)}} \quad .$$

So werden alle benötigten Längenverhältnisse gemäß der Bedingung

$$\delta_m = \left\| \overline{u}_m - \sum_{i=1}^{m-1} (u_i, \overline{u}_m) u_i \right\|$$

errechnet. Zur Verdeutlichung sei angemerkt, daß somit δ_m die Norm des m-ten Vektors nach Orthogonalisierung, jedoch vor Normierung darstellt. Wie bereits vorab bemerkt, wird nun der m-te Lyapunov-Exponent für große k gemäß folgender Bedingung errechnet:

$$\lambda_m = \frac{1}{k} \sum_{i=1}^{k} \ln \delta_m^{(i)} \quad ,$$

wobei i den Zeitindex und m den Index der Dimension darstellt. Dieses Verfahren läßt sich problemlos auf den stetigen Fall erweitern. Dazu ist die Gleichung $\dot{u}_i = Df(x)u_i$ von t bis $t + \Delta t$, wiederum ausgehend von einer orthonormalen Basis $\{u_i\}$, zum Zeitpunkt t zu integrieren. Die oben beschriebene Orthonormalisierungsprozedur findet in gleicher Form Anwendung. Für die Berechnung der Lyapunov-Exponenten ergibt sich formal folgende Änderung:

$$\lambda_m = \frac{1}{k\Delta t} \sum_{i=1}^{k} \ln \delta_m^{(i)} \quad .$$

Die Schritte des Benettin-Algorithmus seien in Anlehnung an Conte und Dubois noch einmal zusammengefaßt:[156]

1. Ausgehend von einer orthonormalen Menge von Vektoren, berechne man ihre Abbildung einen Zeitschritt weiter.
2. Man speichere das Längenverhältnis dieser neu erhaltenen Vektoren.
3. Man erstelle eine neue orthonormale Menge von Vektoren durch die Gram-Schmidt-Orthonormalisierungsmethode.
4. Man iteriere bis zum Ende.

[156] *vgl. Conte, R.; Dubois, M. (1988), S. 767 ff.*

5.2.3.5 Der Wolf–Algorithmus

Der von Wolf et al.[157] vorgestellte Algorithmus ist mutmaßlich der bekannteste unter den hier vorgestellten Algorithmen zur numerischen Bestimmung der Lyapunov–Exponenten. Prinzipiell lassen sich ebenso wie mit dem noch vorzustellenden Ruelle–Algorithmus alle Lyapunov–Exponenten eines Attraktors approximieren. Dennoch wird die Bestimmung des zweitgrößten, drittgrößten, etc. Lyapunov–Exponenten zumeist vernachlässigt und lediglich versucht, den größten Lyapunov–Exponenten zu approximieren.

Prinzipiell werden durch den Wolf–Algorithmus zwei nahe beieinanderliegende Punkte über einen gewissen Zeitraum verfolgt, bis ein gewisses Distanzmaß überschritten wird, d.h. sich die Beobachtungstrajektorie zu weit von der Referenztrajektorie entfernt hat. Die nachstehende Abbildung und die nachfolgenden Erläuterungen sollen das Wolf–Verfahren konkretisieren.

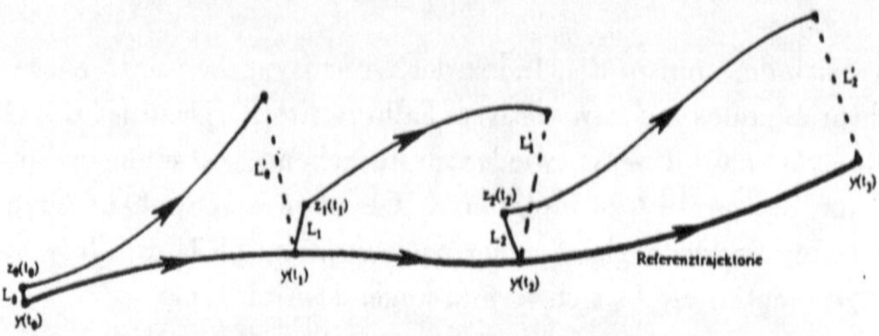

Abbildung 5.5 — Schematische Darstellung des Wolf–Algorithmus

Man beginnt mit der Wahl des ersten Datenpunktes $y(t_0)$ und seinem engsten Nachbarn $z_0(t_0)$, die L_0 voneinander entfernt sind. Diese beiden Punkte werden in ihrer zeitlichen Entwicklung soviel Zeitschritte Δt lang verfolgt, bis die Entfernung L'_0 zwischen den beiden Punkten einen zu wählenden Wert ε überschreitet. Zum Datenpunkt $y(t_1)$ auf der Referenztrajektorie, bis zu dem die alte Trajektorie verfolgt wurde, wird ein neuer Nachbar $z_1(t_1)$ bestimmt, der die folgenden Bedingungen optimal erfüllt.

1. Die Distanz $L_1 = \|y(t_1) - z_1(t_1)\|$ überschreitet den Wert von ε nicht und
2. der Punkt $z_1(t_1)$ liegt so nah wie möglich am Vektor $\overrightarrow{L'_0}$.

Dieses Verfahren wird bis zum Ende der Referenztrajektorie, d.h. bis zum Ende der Zeitreihe wiederholt. Der größte Lyapunov–Exponent läßt sich aus der folgenden Beziehung approximieren.

[157] *vgl. Wolf, A.; et al. (1985), S. 285 ff.*

$$\lambda_1 = \frac{1}{N\Delta t}\sum_{i=0}^{M-1} \ln \frac{L_i'}{L_i}$$

wobei M die Anzahl der Ersetzungsschritte ist, und N die gesamte Anzahl der Zeitschritte über die die Referenztrajektorie y verfolgt wurde.

Um den zweitgrößten Lyapunov-Exponenten λ_2 zu approximieren, ist ein Punkt-Triplet zu verfolgen. Der so approximierte Wert stellt die Summe der beiden größten Lyapunov-Exponenten $\lambda_1 + \lambda_2$ dar. Zieht man von diesem im zweiten Schritt approximierten Wert den im ersten Schritt erhaltenen Wert für λ_1 ab, so ergibt sich der zweitgrößte Lyapunov-Exponent λ_2. Ebenso ist mit der Approximation des drittgrößten Lyapunov-Exponenten λ_3 zu verfahren.[158]
Hervorzuheben ist die Problematik der Wahl angemessener Werte für ε und L_n.

Als Richtwert für ε hat sich ein Wert von 10 % der Varianz der Zeitreihe als angemessen erwiesen. Schwieriger hingegen ist die "richtige" Wahl des Parameters L_n, da mit wachsendem L_n glättende Effekte zu beobachten sind. Als günstiger Ausgangswert hat sich für L_n ein Wert von 2 % der Varianz der untersuchten Zeitreihe erwiesen.[159]

5.2.3.6 Der Ruelle-Algorithmus

Das auffälligste Merkmal des von Ruelle et. al. vorgeschlagenen Algorithmus ist die Möglichkeit, in "einem" Schritt *alle* Lyapunov-Exponenten einer dynamischen Systementwicklung zu approximieren. Auch dieses Verfahren sei anhand einer Abbildung erläutert.

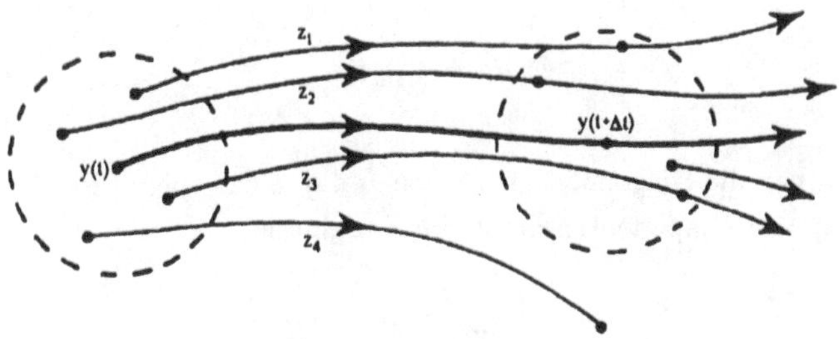

Abbildung 5.6 — Schematische Darstellung des Ruelle-Algorithmus

[158] *Man verfolgt ein Punkt-Quadruplet, erhält als Wert die Summe von $\lambda_1 + \lambda_2 + \lambda_3$, zieht hiervon die Summe von $\lambda_1 + \lambda_2$ ab und erhält so λ_3.*

[159] *zur Diskussion der Wahl von angemessenen Parametern bzgl. dieses Algorithmus und deren Problematik vgl. Wolf, A.; Bessoir, T. (1991), S. 250 ff.*

Man beginnt zunächst, wie beim Wolf-Algorithmus, mit der Wahl einer Referenztrajektorie y und einem Punkt $y(t)$ auf dieser Trajektorie . Danach ist eine Anzahl $a \geq m$ von zusätzlichen Vektoren $z_i(t)$, die innerhalb eines Radius ε von $y(t)$ im euklidischen Sinne liegen, auszuwählen.

Die Trajektorien z_i und y werden einen Zeitschritt Δt lang verfolgt. Da nun mit $y(t + \Delta t)$ und y_t auch $z_i(t + \Delta t)$ und $z_i(t)$ bekannt sind, kann zur Bestimmung der lokalen Ableitung $Df(y(t))$ eine KQ-Schätzung unter Benutzung von $y(t)$ und mindestens a Punkten z_i nach der Bedingung

$$\delta y(i,1) \equiv z(i) - y(1) \qquad \text{mit} \quad i = 1, \ldots, a$$

vorgenommen werden. Die so erhaltene Matrix T_1 approximiert die zur Bestimmung der Lyapunov-Exponenten aus theoretischer Sicht benötigte Jacobi-Matrix J_1 im Punkt $y(t)$. Dieser Prozeß wird bis zum Ende der Trajektorie y, d.h. für $y(1), y(2), \ldots, y(N)$ wiederholt. Aus diesen Matrizen $T_1, \ldots, T_N$ lassen sich ohne weitere Schwierigkeiten die Eigenwerte und somit auch die Lyapunov-Exponenten berechnen. Aus numerischen Gründen wird von Ruelle et al. vorgeschlagen, die Matrizen T_n nach der QR-Methode zu faktorisieren. Hierbei bezeichnet Q_i die orthogonale Matrix und R_i die obere Dreiecksmatrix im Referenzpunkt $y(i)$.[160]

Man bildet nun zur Bestimmung der Lyapunov-Exponenten über diese Methode sukzessive

$$T_i Q_{i-1} = Q_i R_i$$

womit sich die folgende Beziehung ergibt:

$$R_{ii} = \prod_{j=0}^{n-1} R_{ii}^j$$

Substituiert man die Diagonalelemente von R durch das obige Produkt, so lassen sich die Lyapunov-Exponenten durch die Beziehung

$$\lambda_i = \frac{1}{\tau} \lim_{n \to \infty} \frac{1}{n} \sum_{j=0}^{n-1} \ln \left[R_{ii}^j \right]$$

160 *Für den Nachweis der Faktorisierung und der Nicht-Singularität vgl. z.B. Golub, G. H.; van Loan, C. V. (1983)*

approximieren, wobei τ das Zeitintervall zwischen den Realisationen der untersuchten Variablen bezeichnet.[161]

5.2.3.7 Der Kurths–Herzel–Algorithmus

Kurths und Herzel schlugen 1987 eine Methode zur Approximation von Lyapunov–Exponenten vor, die insbesondere bei kleinen Beobachtungsumfängen (zumindest) dem von Wolf et al. vorgeschlagenen Algorithmus überlegen sein soll.[162] Zur Schätzung des größten Lyapunov–Exponenten nach Kurths und Herzel[163] werden im ersten Schritt alle Punkt–Tupel (x_j, x_k) bestimmt, die der Bedingung

$$r_0^{(j,k)} = |x_j - x_k| < \epsilon$$

genügen. Alle Fälle, in denen $|\cdot| = 0$ ist, werden von der Betrachtung ausgeschlossen. Im folgenden Schritt sind für alle in dieser Weise bestimmten N Punktepaare die jeweiligen Abstände der Punkt–Tupel nach p Perioden zu berechnen.

$$r_p^{(j,k)} = |x_{j+p} - x_{k+p}|$$

Die eingetretene Veränderung des Abstands nach p Perioden läßt sich durch die Beziehung

$$d_p^{(j,k)} = \frac{r_p^{(j,k)}}{r_0^{(j,k)}}$$

beschreiben. Eine Mittelung über alle auf diesem Wege ermittelten Faktoren $d_p^{(j,k)}$ führt nach Kurths/Herzel zur Schätzung des maximalen Lyapunov–Exponenten entsprechend folgender Beziehung:

$$\lambda_1 = \frac{1}{pN} \sum_{j,k} (\ln d_p^{(j,k)}) \quad .$$

Kurths und Herzel weisen darauf hin, daß das vorstehend skizzierte Verfahren für große p tendenziell zu einer *Unterschätzung* des maximalen Lyapunov–Exponenten führt, da nur einige lokale Lyapunov–Exponenten $\ln d_p^{(j,k)}$ in den

[161] *Eine hervorragende und detaillierte Untersuchung des Ruelle–Algorithmus, verbunden mit einer ebenso detaillierten Beschreibung der zugrundeliegenden numerischen Verfahren findet sich in: Geist, K. et al. (1990), S. 875 ff.*

[162] *Dieser Anspruch ist wiederholt postuliert worden (vgl. z.B. Stahlecker, P.; Schmidt, K. (1991), S. 187 ff.). Eine theoretisch wie auch empirisch fundierte Absicherung dieses Postulats steht jedoch aus.*

[163] *vgl. Kurths, J.; Herzel, H. (1987), S. 165 ff.*

gemittelten Wert λ_1 eingehen und so die Wirkung der übrigen Lyapunov-Exponenten die Schätzung für λ_1 in zunehmendem Maße beeinflussen.[164] Ein zu klein gewähltes p führt aufgrund der Tatsache, daß vorrangig zufällige Fluktuationen (Rauschen) das mittlere Streckungs- bzw. Stauchungsverhalten dominieren, zu übermäßiger Oszillation der $\ln d_p^{(j,k)}$, so daß infolgedessen der größte Lyapunov-Exponent λ_1 überschätzt wird.

Abgesehen von der vorstehend aufgezeigten Problematik, besteht die Schwierigkeit, den Abstandsparameter ε angemessen zu wählen, worüber Kurths und Herzel keine Aussage machen. Grundsätzlich läßt sich jedoch feststellen, daß ein zu groß gewähltes ε im allgemeinen die Tendenz dieses Algorithmus, den größten Lyapunov-Exponenten zu unterschätzen, unterstützt.

5.2.3.8 Der Briggs-Algorithmus

Die von Briggs[165] vorgeschlagene Methode ist deutlich an die von Ruelle vorgeschlagene angelehnt. Hierbei wird jedoch das Problem des numerischen Differenzierens in m Dimensionen zur Bestimmung der Jacobi-Matrix geschickt umgangen. Er fittet an die dimensionsabhängig zu beobachtenden Trajektorien ein multivariates Polynom d-ter Ordnung in m Dimensionen:

$$G_j(x) = g_{jo} + \sum_{k=1}^{m} g_{j1k} x_k + \sum_{\substack{l=k \\ k=1}}^{m} g_{j2kl} x_k x_l + \ldots$$

G_j mit $j = 1, \ldots, m$ bezeichnet die j-te Komponente des Bereichs des anzupassenden Polynoms. Die minimale Anzahl von Nachbarpunkten aus der Umgebung des Referenzpunktes, die benötigt wird, um eine eindeutige Lösung des KQ-Problems zu erreichen, ist gegeben durch

$$p(m, d) = \sum_{i=0}^{d} \frac{(m+i-1)}{i!(m-1)!} \quad .$$

$p(m, d)$ ist damit die Anzahl der notwendigerweise zu bestimmenden Koeffizienten g des Polynoms.

Die vorteilige Veränderung gegenüber Ruelles Methode liegt nun darin, daß Briggs ein Polynom d-ter Ordnung den zu beobachtenden Trajektorien anpaßt, das durch seine Terme hoher Ordnung dem fast immer gekrümmten Verhalten der untersuchten Trajektorien besondere Rechnung trägt. Darüber hinaus wird in

164 *vgl. Kurths, J.; Herzel, H. (1987), S. 169*
165 *vgl. Briggs, K. (1990), S. 27 ff.*

diesem Verfahren mit den eingebetteten Vektoren selbst gearbeitet und nicht mit der Di- bzw. Konvergenz der Trajektorien, was zu einer Verbesserung des Glättungsverhaltens bei der Untersuchung verrauschter Daten führt.[166] Noch nicht nachgewiesen, dennoch aber stark zu vermuten, ist desweiteren, daß auch die analytische und nicht numerisch–appoximative Verfahren erfordernde Lösbarkeit des Polynoms zu einem verbesserten Lösungsverhalten des von Briggs vorgeschlagenen Algorithmus führt. Dieses verbesserte Verhalten wurde von Briggs anhand einer Vielzahl von chaotische Lösungen generierenden Systemen nachgewiesen.[167]

5.2.3.9 Einschätzung der vorgestellten Algorithmen

Die vorherigen Abschnitte über die Algorithmen zur Approximation von Lyapunov–Exponenten sollen nun mit einer kurzen Einschätzung der Algorithmen abgeschlossen werden. Die Notwendigkeit dieser Wertung ergibt sich schon allein aus der Tatsache, daß es in vielen empirischen (darunter auch ökonomische) Untersuchungen zur Verwendung von nicht *"state–of–art"*–Algorithmen kommt, und es somit aufgrund eines übertriebenem Pragmatismus zur Darstellung verfälschter Ergebnisse und damit zu falschen Schlußfolgerungen kommt. Es sollen nachfolgend eigene Erfahrungen aus Untersuchungen wiedergegeben werden, die im Rahmen dieser Arbeit jedoch nicht in der notwendigen statistischen Durchdringung dargestellt werden können. Dieses wäre jedoch Gegenstand für eine eigenständigen Veröffentlichung. Eine Untersuchung dieser Art ist dem Autor dieser Arbeit z.Zt. nicht bekannt.

Im Rahmen eigener Untersuchungen ökonomischer Zeitreihen wurden der Wolf–, der Ruelle– und der Briggs–Algorithmus implementiert und anhand chaotischer Systeme, deren Lyapunov–Exponenten analytisch ableitbar sind, auf Einschwingverhalten und Robustheit untersucht. Das grobe Einschwingverhalten — hiermit sei primär eine Aussage über die qualitative Ausprägung des Vorzeichen des größten Lyapunov–Exponenten gemeint — war bei allen Algorithmen als hinreichend zu bezeichnen. Nach etwa 200–500 Phasenraumpunkten ist im allgemeinen eine *generelle* Aussage über die Ausprägung des Vorzeichens, d.h. über Vorliegen von chaotischem bzw. regulärem Verhalten möglich. Läßt man den Anspruch fallen, aus Lyapunov–Exponenten weitreichendere Aussagen ableiten zu wollen[168], so ist jedoch eine *grundsätzliche* Aussage über das qualitative Systemverhalten bereits bei Datenreihen möglich, die nicht über den theoretisch wünschenswer-

[166] *vgl. Briggs, K. (1990), S. 29*
[167] *vgl. Briggs, K. (1990), S. 30*
[168] *Z.B. Vorhersagen über die zeitliche Begrenzung der Möglichkeit zur Vorhersage von Werten.*

ten großen Umfang verfügen. Die von Briggs veröffentlichten Ergebnisse belegen diese Aussage.[169] Klagen über für chaostheoretische Untersuchungen zu "kurze" Zeitreihen bei ökonomischen Untersuchungen[170] sind dem Autor dieser Arbeit in diesem Punkte nicht zugänglich.

Als ausgesprochen problematischer Algorithmus stellte sich der Wolf–Algorithmus heraus. Betrachtet man die Vielzahl der mittels des Wolf–Algorithmus durchgeführten Untersuchungen, d.h. seinen Popularitätsgrad, so ist dieses verwunderlich. Trotz Zeitreihenlängen von bis zu 50.000 Punkten (logistische Funktion mit $r = 4$) war eine Konvergenz des approximierten Lyapunov–Exponenten gegen den theoretisch ableitbaren Wert von $\ln 2$ kaum zu erreichen. Mit den von Wolf gegebenen Hinweisen[171] war jedoch eine gewisse, wenn auch im Vergleich zu den anderen beiden Algorithmen keineswegs als besser zu bezeichnende Konvergenz erreichbar. Dieses Ergebnis muß überraschen, da in einer vergleichenden Studie Vastano die Überlegenheit des Wolf–Agorithmus gegenüber dem von Ruelle vorgeschlagenen feststellt.[172] Eine genaue Untersuchung deckt jedoch eindeutige Mängel in Vastano's Untersuchung auf.

- Anstatt den QR-Algorithmus zur Diagonalisierung der Matrizen zu benutzen, verwenden Vastano et al. die Gram-Schmidt-Methode, die in Bezug auf Orthogonalität bekantermaßen weniger präzise ist.
- Vastano et al. passen den Radius ε an die Anzahl der Nachbarn n an. Die umgekehrte Vorgehensweise ist richtig.
- Im Fall der Degeneriertheit des KQ-Problems treffen Vastano et al. nicht die Wahl des minimalen Längenabstandes.

Die ungerechtfertigte schlechte Bewertung des Ruelle-Algorithmus ist die Folge. Die einzige Problematik beim Ruelle–Algorithmus ist die Abstimmung der Parameter untereinander. Eine Antwort findet sich bei Conte & Dubois, die ebenfalls die obige Kritik an Vastano's Untersuchung nachweisen. Mit den von Conte et al. vorgeschlagenen Werten

$$2 \leq \frac{n}{d} \leq 2,5 \qquad \text{und} \qquad 0,05 \lessapprox \frac{\varepsilon}{d} \lessapprox 0,15$$

war auch bei kurzen Zeitreihen ein durchgängig gutes Konvergenzverhalten zu beobachten.[173] Desweiteren konnten, wie bereits angedeutet, im mehrdimensionalen Fall alle Lyapunov–Exponenten in einem Schritt berechnet werden. Aus

[169] vgl. Briggs, K. (1990), S. 27 ff.
[170] vgl. z.B. Hsieh, D. (1991), S. 1847
[171] vgl. Wolf, A.; et al. (1991), S. 250 ff.
[172] vgl. Vastano, J. A.; et al. (1986), S. 100 ff.
[173] vgl. Conte, R.; Dubois, M. (1988), S. 773

Sicht des Autors ist somit Ruelle's Algorithmus dem von Wolf vorzuziehen. Dennoch ist das approximierte Lyapunov–Spektrum auch bei langen Zeitreihen bei keinem dieser "*alten*" Algorithmen qualitativ so beeindruckend wie beim Briggs–Algorithmus.

Für die logistische Abbildung bzw. Hénon–Abbildung approximiert Briggs die Lyapunov–Exponenten bereits nach 200 Datenpunkten mit großer Genauigkeit. Der Lyapunov–Exponent der logistischen Abbildung ergibt sich bereits nach diesem kurzen Datenvektor zu $\lambda = 0,695$. Den genauen analytisch ableitbaren von $\lambda^* = \ln 2 \approx 0,693$ erhält er bereits zuverlässig nach (weniger als) 1000 Datenpunkten.[174] Die von Briggs veröffentlichten Ergebnisse wurden in eigenen Simulationen überprüft und konnten allesamt verifiziert werden. Zusätzlich sei die hohe Qualität der sich zwangsläufig ergebenden Kaplan–Yorke Dimension als Dimensionsmaß in Briggs' Ergebnissen hingewiesen. Dieser Umstand ist insofern interessant, als daß die Anforderungen an das vorhandene Datenmaterial bei anderen Verfahren zur Dimensionsbestimmung im allgemeinen höher sind.

Abgeschlossen werden soll dieses Kapitel mit dem Hinweis, daß sich von den hier vorgestellten Algorithmen eindeutig der von Briggs vorgeschlagene Algorithmus aufgrund des guten Konvergenzverhaltens, der einfachen Handhabbarkeit und der von Briggs selbst vorgebrachten guten Ergebnisse als aussichtsreichster Kandidat für einen guten Algorithmus empfiehlt. Er konvergiert schnell gegen die idealen Lyapunov–Exponenten, was den postulierten[175], jedoch bis jetzt noch nicht nachgewiesenen Vorzug des Kurths–Herzel–Algorithmus in Frage stellt. Im Gegensatz zu Wolf's Methode ist die von Briggs vorgeschlagene sehr viel robuster und darüberhinaus leichter zu handhaben als Ruelle's Algorithmus. Einziges Problem beim Briggs–Algorithmus stellt die für den Computerlaien nicht einfache Programmierung des Algorithmus dar.[176]

Darüberhinaus sei auf zwei weitere sehr junge und in dieser Arbeit nicht mehr untersuchte Ansätze zur Approximation der Lyapunov–Exponenten hingewiesen. Hierbei handelt es sich zum einen um die von Brown et al.[177] und zum anderen die von Holzfuss et al.[178] vorgeschlagenen Methoden. Ihnen ist mit dem

---

174 *vgl. Briggs, K. (1990), S. 30*

175 *vgl. Stahlecker, P.; Schmidt, K. (1991), S. 260 ff.*

176 *Es ließe sich mutmaßen, daß die Veröffentlichung des Fortran–Codes des Wolf–Algorithmus in der Physica D mit zur Popularisierung der Wolf'schen Methode geführt hat. Es ist im allgemeinen einfacher Computerprogramme abzuschreiben, als selbst zu schreiben. Es soll explizit darauf hingewiesen werden, daß der Autor aufgrund der geschilderten Erfahrungen Ergebnissen, die auf dem Wolf'schen Algorithmus beruhen mehr als skeptisch gegenübersteht.*

177 *vgl. Brown, R.; et al. (1990), S. 1523 ff.*

178 *vgl. Holzfuss, J.; et al. (1991), S. 263 ff.*

Briggs–Algorithmus im Gegensatz zu den übrigen Methoden gemein, daß die Schätzung der lokalen Lyapunov–Exponenten nicht über einen *linearen* Ansatz erfolgt, sondern, um insbesondere dem gekrümmten Verhalten der Trajektorien im Phasenraum Rechnung zu tragen, bereits im gewählten Problemlösungsansatz grundsätzlich *Nichtlinearität* inkooperiert. Diese drei Algorithmen bilden z.Zt. die *state-of-art*–Algorithmen und sollten aus Sicht des Autors bei empirischen Untersuchungen Anwendung finden. Die Ergebnisse des Briggs–Algorithmus sind vielversprechend.

5.3 Dimensions– und Entropiemaße

5.3.1 Die fraktale Dimension

Zur quantitativen Charakterisierung von Attraktoren wurde eine Vielzahl von Dimensionsbegriffen eingeführt.[179] Ihnen ist gemeinsam, daß sie für nicht–chaotische Attraktoren wie Fixpunkte, Grenzzyklen und n–Tori ganzzahlige Werte 0, 1, ..., n annehmen, während sie seltsame Attraktoren durch eine gebrochenzahlige Dimension charakterisieren. Gebrochenzahlige Dimensionen wurden zuerst von Mandelbrot[180] eingeführt, um die auf beliebig kleinen Skalen bestehenden diffizilen Strukturen der von ihm so benannten *Fraktale* charakterisieren zu können.[181] Es zeigte sich, daß für eine quantitative Charakterisierung von "natürlichen" Objekten wie Küstenlinien, Wolken und Niederschlagsgebieten fraktale Dimensionen besser geeignet waren als der herkömmliche euklidische Dimensionsbegriff.[182] Dieser ordnet jedem geometrischen Objekt eine *ganze* Zahl zu. So besitzt im euklidischen Sinne ein Punkt die Dimension 0, eine Linie die Dimension 1, eine Fläche die Dimension 2 usw.

---

179 *vgl. u. a. Mandelbrot, B. B. (1983); Farmer, J. D.; et al. (1983), S. 153 ff.; Grassberger, P.; Procaccia, I. (1983c), S. 189 ff.*

180 *vgl. Mandelbrot, B. B. (1977)*

181 *Fraktale Mengen entstehen durch das enge Aneinanderschmiegen von instabilen Mannigfaltigkeiten. Mandelbrot (1977, S. 294 f.) nennt eine Menge A ein Fraktal, wenn $D_H > D_T$ ist, wobei D_H die Hausdorff–Dimension und D_T die topologische Dimension von A bezeichnet. Er weist jedoch gleichzeitig auf die bestehende Problematik einer solchen Definition hin. Allgemein gilt $D_H \geqq D_T$, wobei D_T per definitionem immer ganzzahlig ist. Ein nichtganzzahliger Wert von $D_H(A)$ bedeutet also nach Mandelbrot, daß A eine fraktale Menge (kurz: Fraktal) ist. Jedoch kann in dieser Arbeit nicht auf den umfangreichen Komplex der Fraktale eingegangen werden.*

182 *So zeigt eine Untersuchung von Lovejoy (1982) mit Hilfe von Radar– und Sattelitenaufnahmen, daß auf Längenskalen von einem bis tausend Kilometern eine Skalierung mit der fraktalen Dimension von $D_0 = 1,35$ in guter Näherung die Begrenzungslinien beschreibt.*

In der Theorie nichtlinearer dynamischer Systeme sind es vor allem die chaotischen Attraktoren, die eine komplizierte geometrische Struktur haben und durch die verschiedenen fraktalen Dimensionen beschrieben werden können.

Die fraktale Dimension gibt nun, vereinfacht ausgedrückt, die Anzahl der paarweise unabhängigen Zustandsgrößen an, die die Bewegung auf dem Attraktor charakterisieren.[183]

Zerlegt man nun den Phasenraum in m-dimensionale Kuben[184] der Kantenlänge ε, so ist es möglich abzuzählen, wieviele dieser Boxen notwendig sind, um den Attraktor damit vollständig zu überdecken. Sei nun $N(\varepsilon)$ die minimale Anzahl der dazu benötigten Boxen, so ist durch die Beziehung[185]

$$D_0 = D_F = -\lim_{\varepsilon \to 0} \frac{\log N(\varepsilon)}{\log \varepsilon}$$

die fraktale Dimension D_F (Mandelbrot) oder auch Kapazität (Kolmogorov) definiert.[186] Die fraktale Dimension einer Menge $A \subset \mathbb{R}^n$ gibt also an, wie sich die Anzahl $N(\varepsilon)$ der zu ihrer Überdeckung benötigten n-dimensionalen Elementarkuben ändert, wenn die Kantenlänge ε immer kleiner wird.

Für hinreichend kleine Skalen ε wächst die Zahl der benötigten Kuben offensichtlich nach dem Potenzgesetz

$$N(\varepsilon) \sim \varepsilon^{-D_F} \quad .$$

Zur Veranschaulichung betrachte man einen Punkt im $\mathbb{R}^2$, der von einem Quadrat mit der Seitenlänge ε zu überdecken sei. Offensichtlich ist die Anzahl der Quadrate $N(\varepsilon)$, die zur Überdeckung des Punktes benötigt werden, unabhängig von ε, womit gilt:

$$N(\varepsilon) = 1 \quad \Longrightarrow \quad D_F = 0 \quad .$$

Weitere Objekte mit vertrauten topologischen Dimensionen sind z.B. Geraden, Flächen und Kuben. Beispielhaft sei nachfolgend jedes dieser Objekte in einer Beziehung zwischen der Anzahl der Elementarkuben $N(\varepsilon)$ und dem Skalierungsfaktor ε dargestellt, der jeweils ein Teilobjekt des Gesamtobjektes bei Skalierung mit ε in das Gesamtobjekt überführt.

183 *vgl. Takens, F. (1981); wie auch Mañé, R. (1981)*

184 *Ebenso lassen sich m-dimensionale Kugeln verwenden.*

185 *Die Bezeichnung D_0 sei bereits an dieser Stelle eingeführt, da sich im Abschnitt über die verallgemeinerte Rényi-Dimensionen eine interessante Beziehung der verschiedenen Dimensionsmaße untereinander zeigen wird.*

186 *vgl. Manneville, P. (1990), S. 268*

		Anzahl $N(\varepsilon)$	Skalierung ε	Dimension
	Gerade	3	3.0	$\frac{\log 3}{\log 3} = 1$
	Fläche	9	3.0	$\frac{\log 9}{\log 3} = 2$
	Kubus	27	3.0	$\frac{\log 27}{\log 3} = 3$

Abbildung 5.7 — Veranschaulichung des euklidischen Dimensionsbegriffes

Am Beispiel der Kochschen Schneeflocke sei nachfolgend die methodische Erweiterung eines fraktalen Dimensionsmaßes gegenüber dem herkömmlichen euklidischen verdeutlicht.

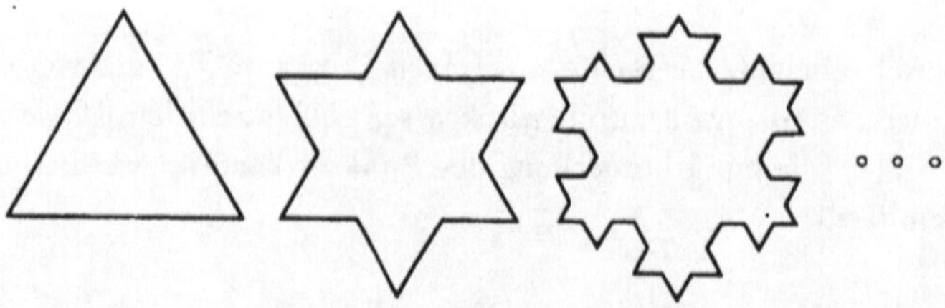

Abbildung 5.8 — Die Kochsche Schneeflocke

Zur Konstruktion der Kochschen Schneeflocke beginnt man als Grundelement mit einem gleichseitigen Dreieck der Seitenlänge 1. Im nächsten Schritt wird auf dem mittleren Drittel einer jeden Seite des Dreiecks ein neues gleichseitiges Dreieck konstruiert. Nach unendlich vielen Schritten erhält man ein geometrisches Objekt vom Umfang

$$3 \cdot \prod_{m=1}^{\infty} \left(\frac{4}{3}\right)^m = \infty \quad .$$

Die minimale Anzahl von notwendigen Quadraten der Seitenlänge ε, die zur vollständigen Überdeckung des so erhaltenen geometrischen Objekts benötigt werden, entwickelt sich offensichtlich folgendermaßen:

Ausgangssituation	$\varepsilon = 1$	$\Longrightarrow$	$N(\varepsilon) = 1$
1. iterierte	$\varepsilon = \frac{1}{3}$	$\Longrightarrow$	$N(\varepsilon) = 4$
2. iterierte	$\varepsilon = \frac{1}{9}$	$\Longrightarrow$	$N(\varepsilon) = 16$
$\vdots$			
n–te Iterierte	$\varepsilon = \left(\frac{1}{3}\right)^n$	$\Longrightarrow$	$N(\varepsilon) = 4^n$

Für $\varepsilon \rightarrow 0$ ergibt sich somit die fraktale Dimension der Kochschen Schneeflocke zu

$$D_F = \lim_{n\rightarrow\infty} \lim_{\varepsilon\rightarrow 0} \frac{\log 4^n}{\log \frac{1}{(\frac{1}{3})^n}} = \lim_{\varepsilon\rightarrow 0} \frac{\log 4}{\log 3} \cong 1,26$$

5.3.2 Die Hausdorff–Dimension

Es ist offensichtlich, daß mit einer Zulassung einer größeren Anzahl von Elementarteilchen zur Überdeckung einer Menge A die Möglichkeit einer "feineren" Bestimmung des Dimensionsmaßes einhergehen müßte. Dazu sei nun $\beta(\varepsilon) \equiv \{B_i\}$ als eine (abzählbare) Familie von Teilmengen $B_i \subset \mathbb{R}^n$ definiert, so daß $\varepsilon_i \equiv \sup\{|\boldsymbol{x} - \boldsymbol{y}| \quad |\boldsymbol{x}, \boldsymbol{y} \in B_i\} \leqq \varepsilon$ für alle B_i aus $\beta(\varepsilon)$ gilt und $\cup_i B_i \supseteq A$. Bezeichne weiterhin $N(\varepsilon, A)$ die kleinste Anzahl von Elementarwürfeln der Kantenlänge ε, die zur Überdeckung von $A \subset \mathbb{R}^n$ notwendig sind, so läßt sich in erster Annäherung als Schätzung für das Volumen von A

$$V_{n,\varepsilon}(A) \equiv N(\varepsilon, A)\varepsilon^n$$

notieren, die offensichtlich mit der Verfeinerung des Maßstabs ε immer genauer wird.[187] Die Beziehung läßt sich mittels der zuvor getroffenen Annahme nun wie folgt verallgemeinern[188]

$$m_{d,\varepsilon}(A) \equiv \inf_{\beta(\varepsilon)} \sum_i \varepsilon_i^d \quad ,$$

[187] *Diese Beziehung stellt im übrigen auch den formal–theoretisch "sauberen" Ausgangspunkt für die zuvor eher vom heuristischen Standpunkt aus durchgeführte Skizzierung der fraktalen Dimension D_F dar.*

[188] *vgl. Ruelle, D.; Eckmann, J.-P. (1985), S. 629*

wobei $d \in \mathbb{R}$ und das Infinum über alle genügend feine ($\varepsilon_i < \varepsilon$) abzählbare Überdeckungen $\beta(\varepsilon)$ von A zu bilden ist. Das Maß

$$m_d(A) \equiv \lim_{\varepsilon \to 0} m_{d,\varepsilon}(A)$$

wird als *Hausdorff-Maß* der Menge A zur Dimension d bezeichnet. Es existiert nun genau eine reelle Zahl $D_H(A)$, so daß gilt

$$m_d(A) \begin{cases} 0, & d > D_H(A) \\ & \text{wenn} \\ \infty, & d < D_H(A) \end{cases}$$

Die Hausdorff-Dimension $D_H(A)$ läßt sich nun wie folgt definieren:[189]

$$\begin{aligned} D_H(A) &= \sup\,[d : m_d(A) = +\infty] \\ &= \inf\,[d : m_d(A) = 0] \end{aligned}$$

Für Fixpunkte, periodische Orbits und n-Tori stimmen die fraktale Dimension D_F und die Hausdorff-Dimension D_H überein. Jedoch gilt für alle kompakten Mengen[190]

$$D_H(A) \leq D_F(A) \quad ,$$

da beim Hausdorff-Maß mehr Elementarelemente zur Überdeckung zugelassen sind.

Von der Definition der Hausdorff-Dimension ausgehend, wird offensichtlich, daß deren Bestimmung aus z.B. einer empirisch gewonnenen Zeitreihe nicht unproblematisch ist. Daher wird es sich zumeist anbieten, eine Schätzung der Kapazität eines Attraktors vorzunehmen, um somit zumindest eine obere Schranke der (interessanten) Hausdorff-Dimension zu erhalten. Zusätzlich hervorhebenswert ist, daß der Grenzwert $\varepsilon \to 0$ natürlich nur in theoretischen Untersuchungen wie z.B. der Cantor-Menge oder der in dieser Arbeit skizzierten Kochschen Schneeflocke Relevanz besitzt.[191] Bei realen Systemen versteht man unter Fraktalen i. allgem. *geometrische* Gebilde, die in einem *"weiten"* Skalenbereich bestimmte Skalengesetze erfüllen.

---

189 *vgl. Ruelle, D. (1989), S. 21*

190 *vgl. Ruelle, D. (1989), S. 21*

191 *Existiert der Grenzwert $\lim_{\varepsilon \to 0}$ nicht, so ist er in der Definition der bisher angeführten Dimensionsmaße durch $\limsup_{\varepsilon \to 0}$ zu ersetzen. Ruelle (1985, 1989) z.B. übernimmt dieses von vornherein in seine Definitionen.*

Die bis hierhin beschriebenen Dimensionsbegriffe charakterisieren nun jedoch lediglich das geometrische Verhalten auf dem Attraktor, da alle Teile des Attraktors in $N(\varepsilon)$ bzw. $m_d(A)$ mit gleicher Gewichtung einfließen. Mit anderen Worten bedeutet dieses, daß die vorstehend eingeführten Dimensionsmaße gerade der auf den chaotischen Attraktoren herrschenden Inhomogenität der Punktverteilung *keine* Rechnung tragen. Gerade bei den "seltsamen" Attraktoren kann jedoch eine solche Betrachtung allein nicht hinreichend sein, da jene Teile des Attraktors, die häufiger von der Lösungstrajektorie aufgesucht werden, zweifelsohne größere Bedeutung für das dynamische Verhalten des Systems haben, als diejenigen, die selten frequentiert werden. Dazu sollen in den folgenden Abschnitten Dimensionsbegriffe eingeführt werden, die insbesondere der invarianten Dichte auf Attraktoren Rechnung tragen.

5.3.3 Die Informationsdimension

Um nun zu untersuchen mit welcher Häufigkeit verschiedene Regionen des Attraktors von Trajektorien angelaufen werden, wird das bereits skizzierte Konzept der Überdeckung des Attraktors mit Elementarkuben beibehalten, jedoch durch die Einführung einer Wahrscheinlichkeit $p_i(\varepsilon)$, die man der i-ten untersuchten Box zuordnet, erweitert. Die eingeführte Wahrscheinlichkeit $p_i(\varepsilon)$ sei als die mittlere Aufenthaltsdauer der Trajektorie in der i-ten Box interpretiert, entspricht also mit anderen Worten der Anzahl der in der Box $N_i(\varepsilon)$ vorgefundenen Punkte, normiert über die gesamte Anzahl der nicht-leeren Boxen $N(\varepsilon)$:

$$p_i(\varepsilon) = \frac{N_i(\varepsilon)}{N(\varepsilon)} \quad .$$

In Anlehnung an die Informationstheorie läßt sich nun die metrische Informationsentropie oder die auch fehlende Information zur Lokalisierung des Systemzustandes unter einer gegebenen Genauigkeit ε durch

$$I(\varepsilon) = -\sum_{i=1}^{N(\varepsilon)} p_i(\varepsilon) \log p_i(\varepsilon)$$

definieren, wofür im folgenden der Begriff der Shannon-Entropie verwandt sei.[192] Aus der Skalierung der Shannon-Entropie läßt sich dann die Informationsdimension D_1 zu

$$D_1 = \lim_{\varepsilon \to 0} \left(\frac{-\sum_{i=1}^{N(\varepsilon)} p_i(\varepsilon) \log p_i(\varepsilon)}{\log \varepsilon} \right) = \lim_{\varepsilon \to 0} \frac{I(\varepsilon)}{\log \varepsilon} \quad ,$$

192 *vgl. Shannon, C. E. (1948), S. 379 ff. und S. 623 ff.*

herleiten. Die so definierte Informationsdimension ist gleichbedeutend mit einem Skalierungsexponenten bzgl. der Veränderung der Entropie bzw. Information hinsichtlich ε. Nimmt man beispielsweise an, daß ε hinreichend klein ist, so gilt

$$I(\varepsilon) = D_1 |\log \varepsilon| \quad .$$

Die Shannon-Entropie bildet somit den mittleren Informationsgewinn bei einer Messung des Zustandes mit einer Genauigkeit ε ab. Bei Verdoppelung der Genauigkeit folgt

$$I\left(\frac{\varepsilon}{2}\right) = D_1 \log\left(\frac{2}{\varepsilon}\right) = I(\varepsilon) + D_1 \quad .$$

Somit wird deutlich, daß D_1 genau dem zu erwartenden Informationszuwachs, hervorgerufen durch Verdoppelung der Meßgenauigkeit bzw. Halbierung der Boxlänge ε, entspricht.

Um abschließend noch einmal explizit darauf hinzuweisen, daß die Einführung der Informationsdimension keine *grundsätzliche Änderung*, sondern lediglich eine *Erweiterung* des Konzeptes der Hausdorff-Dimension darstellt, sei das folgende kleine Beispiel betrachtet.

Wird jede Box mit der gleichen Wahrscheinlichkeit von der Lösungstrajektorie frequentiert, d.h.

$$p_i(\varepsilon) = \frac{1}{N(\varepsilon)} \qquad \forall \quad i \ ,$$

so ergibt sich für $I(\varepsilon)$

$$I(\varepsilon) = -\log N(\varepsilon) \quad .$$

Somit ergibt sich für die Informationsdimension

$$D_1 = \frac{-\log N(\varepsilon)}{\log \varepsilon} = D_0 \quad .$$

Wie dieses Beispiel zeigt, stellt die Einführung des Shannonschen Informationsmaßes also eine konsistente Erweiterung der bereits eingeführten Dimensionskonzepte dar.

5.3.4 Die verallgemeinerten Rényi–Dimensionen q–ter Ordnung

Verwendet man nun anstelle des Shannonschen–Informationsmaßes den verallgemeinerten Informationsbegriff der Rényi–Information q–ter Ordnung[193]

$$I_q(\varepsilon) = \frac{1}{1-q} \log \sum_{i=1}^{N(\varepsilon)} p_i^q \qquad \text{mit} \quad q \neq 0 \quad ,$$

so läßt sich analog zur Informationsdimension D_1 die Rényi–Dimension q–ter Ordnung einführen:[194]

$$D_q = \lim_{\varepsilon \to 0} \frac{I_q(\varepsilon)}{\log \varepsilon} \quad .$$

Die zuvor eingeführte Informationsdimension, die mittels des Shannonschen Informationsmaßes definiert worden war, stellt dabei offensichtlich einen Spezialfall dieses verallgemeinerten Dimensionsmaßes dar. Diese Tatsache wird schnell ersichtlich, wenn man z.B. $q = 1$ setzt, in die obige Definition für D_q einsetzt und so aus der verallgemeinerten Rényi–Dimension 1–ter Ordnung die Informationsdimension D_1 erhält:

$$\lim_{q \to 1} D_q = D_1 \quad .$$

Läuft q gegen 0, so reduzieren sich die eingeführten Gewichte $p_i(\varepsilon)$ auf einen Faktor 1, so daß sich D_0 zu

$$\lim_{q \to 0} D_q = D_0$$

ergibt. Mit anderen Worten entspricht offensichtlich die verallgemeinerte Rényi–Dimension 0–ter Ordnung der Kapazität D_0 und eine 1–ter Ordnung der Informationsdimension D_1. Herrscht auf dem Attraktor eine Gleichverteilung vor

$$p_i(\varepsilon) = \frac{1}{N(\varepsilon)} \quad ,$$

so ist ebenso leicht nachvollziehbar, daß alle der bisher eingeführten Dimensionsmaße übereinstimmen.[195] Somit läßt sich für die Dimensionsmaße offenbar folgende verallgemeinerte Ungleichung aufstellen:

193 *vgl. Rényi, A. (1977)*

194 *vgl. Grassberger, P.; Procaccia, I. (1983c), S. 189 ff.*

195 *vgl. dazu auch das in Kapitel 5.3.3 angeführte Beispiel.*

$$D_q \leq D_{q-1} \quad .$$

Dieses verdeutlicht, daß mit wachsendem q die Dimensionen D_q monoton fallen. Aus der Definition des verallgemeinerten Rényi–Informationsmaßes wird deutlich ersichtlich, daß für ein zunehmendes q stark ausgeprägte p_i immer mehr an Gewicht gewinnen. In anderen Worten beschreibt also eine verallgemeinerte Rényi–Dimension q–ter Ordnung für große q insbesondere diejenigen Teile des Attraktors, in denen sich die invarianten räumlichen Dichten, d.h. das natürliche Maß des Attraktors besonders konzentriert.

5.3.5 Die Korrelationsdimension

Die Bestimmung der Rényi–Dimensionen q–ter Ordnung einer Menge A aus einer Zeitreihe ist direkt nach der Definition

$$D_q(A) = \frac{1}{q-1} \lim_{\varepsilon \to 0} \left(\frac{\log \sum_{i=1}^{N(\varepsilon)} p_i^q(\varepsilon)}{\log \varepsilon} \right)$$

im allgemeinen sehr aufwendig, da alle Wahrscheinlichkeiten $p_i^q(\varepsilon)$ bzgl. der Elementarkuben der Kantenlänge ε für $\varepsilon \to 0$, die zur Überdeckung von A nötig sind, bestimmt werden müssen. Aufgrund dessen hat sich ein Zugang zur Lösung dieses Problems als praktikabel erwiesen, bei dem die relative Anzahl von Nachbarn analysiert wird, deren Abstände von einem gewissen Attraktorpunkt x_i jeweils kleiner ε sind. Dieser Lösungszugang ist 1983 von Grassberger und Proccacia vorgeschlagen worden[196], und hat bis heute insbesondere bei der Untersuchung von empirisch gewonnen Zeitreihen weite Verbreitung und Anerkennung gefunden. Aufgrund dessen sei diese Methode, die sich, wie zu zeigen sein wird, nahtlos in das bereits beschriebene Konzept der verallgemeinerten Rényi–Dimensionen einpaßt, im Nachfolgenden geringfügig ausführlicher beschrieben, um gerade der Anwendungsorientierung besondere Rechnung zu tragen.

Für die nachfolgenden Betrachtungen sei von einer empirisch gewonnen Zeitreihe

$$y_1, y_2, y_3, \cdots, y_N$$

ausgegangen. Die y_i's können als Projektion einer Lösungstrajektorie eines Attraktors unbekannter Dimension auf eine Dimension verstanden werden. Da sowohl die Dimension des Attraktors als auch die des Phasenraums a priori unbekannt sind, wird versucht, nach der bereits in Kapitel 5.2.3.1 beschriebenen

[196] *vgl. Grassberger, P.; Proccacia, I. (1983c), S. 189 ff.*

Zeit–Delay–Methode eine Einbettung in eine gewisse Dimension m vorzunehmen. Auf diese Weise erhält man eine Menge M von m–dimensionalen Vektoren:[197]

$$\boldsymbol{x}_i = (y_i, y_{i+p}, y_{i+2p}, \ldots, y_{i+(m-1)p}) \quad \text{mit } i \in \mathbb{N} \quad .$$

Grassberger und Procaccia[198] konnten zeigen, daß sich bei angemessener Wahl von m und ε das noch näher zu definierende Korrelationsintegral entsprechend

$$C(\varepsilon) \propto \varepsilon^{D_1}$$

verhält, so daß entsprechend der Informationsdimension

$$D_2 = \lim_{\varepsilon \to 0} \frac{\log C(\varepsilon)}{\log \varepsilon}$$

definiert werden kann. Nach Grassberger und Procaccia wird D_2 nun als die Korrelationsdimension bezeichnet.[199] Begrifflich weist diese Definition bereits auf den von Grassberger und Proccacia beschrittenen Lösungszugang hin.

Anstatt die $p_i(\varepsilon)$ zu schätzen, tritt als Gegenstand der Untersuchung die Separation benachbarter Vektoren in den Vordergrund. Die relative Anzahl von Nachbarpunkten eines Attraktorpunktes $\boldsymbol{x}_i$, deren Abstände von diesem jeweils geringer als ε sind, definieren die *lokale Dichte* $n_i(\varepsilon)$:

$$n_i(\varepsilon) = \frac{1}{N} \sum_{j=1}^{N} \Theta(\varepsilon - \parallel \boldsymbol{x}_j - \boldsymbol{x}_i \parallel)$$

mit Θ als der Heavisidischen Indikatorfunktion

$$\Theta(x) = \begin{cases} 0 & \text{für } x \leq 0 \\ 1 & \text{für } x > 0 \end{cases} \quad ,$$

197 *Brock u. a. ordnen die Werte des Vektors in umgekehrter Reihenfolge und bezeichnen die so sortierten Vektoren als die m–Historien der Zeitreihe. In dieser Arbeit soll sich diesem Verfahren nicht angeschlossen werden, da die von Brock vorgenommene Anordnung der* $y_{i'}$*, außer einen höheren numerischen Aufwand keine signifikanten Verbesserungen eingeführt werden. Um mit Brock gleichzuziehen, könnte man die Vektoren* $\boldsymbol{x}_i$ *bei der allgemein üblichen Anordnung als m–Zukunft bezeichnen.*

198 *vgl. Grassberger, P.; Proccacia, I. (1983c), S. 189 ff.*

199 *Die Bezeichnung der Korrelationsdimension durch* D_2 *weist auf den bereits erwähnten und im nachfolgenden noch näher zu beschreibenden Zusammenhang mit den verallgemeinerten Rényi–Dimensionen hin.*

die dabei als simple Zählerfunktion fungiert. Obwohl zur Distanzbestimmung grundsätzlich alle gängigen Distanzmaße zulässig sind, wird aus numerischen Gründen gemeinhin die Supremumsnorm bevorzugt:[200]

$$\| \boldsymbol{x}_j - \boldsymbol{x}_i \| = \max_{1 \leq \tau \leq m} |x_{i\tau} - x_{j\tau}| \quad .$$

Eckmann und Ruelle konnten zeigen, daß die lokalen Dichten $n_i(\varepsilon)$ die sog. punktweise Dimension im Punkt i abbildet, die für fast alle Attraktorpunkte mit der Informationsdimension D_1 zusammenfällt.[201]

Unterschreitet nun die Distanz zwischen zwei Vektoren $\| \boldsymbol{x}_i - \boldsymbol{x}_j \|$ ein gewisses Maß ε, so seien diese als korreliert definiert, andernfalls seien sie als unkorreliert aufgefaßt.

Da nun für die Schätzung der Dimensionen aus *einer* einzelnen Dichte $n_i(\varepsilon)$ eine sehr hohe Anzahl von Daten erforderlich wäre, behilft man sich mit einer Mittelung über verschiedene Referenzpunkte $\boldsymbol{x}_i$. Führt man diese Mittelung über den gesamten Datensatz aus, so definiert nach Grassberger und Proccacia die Anzahl der korrelierten Vektoren, normiert über die Anzahl aller möglichen korrelierten Vektorenpaare M^2, das Korrelationsintegral $C(\varepsilon)$:[202]

$$C(\varepsilon) = \frac{1}{M} \sum_{i=1}^{M} n_i(\varepsilon) = \frac{1}{M^2} \sum_{i,j=1}^{M} \Theta(\varepsilon - \| \boldsymbol{x}_i - \boldsymbol{x}_j \|) \quad .$$

Diese Funktion verhält sich proportional zur relativen Anzahl von Abständen $< \varepsilon$ zwischen Attraktorpunkten. Anders ausgedrückt, gibt sie die Wahrscheinlichkeit dafür an, daß sich ein q–Tupel, in diesem Fall also 2, von Attraktorpunkten in der gleichen Box befindet.[203]

Grassberger und Procaccia zeigen[204], daß das Korrelationsintegral über dem Intervall $[0, \varepsilon]$ als räumliche Abstandsverteilungsdichte der Attraktorpunkte interpretiert werden kann.

200 *vgl. Hao, B.-L. (1989), S. 345*
201 *vgl. Eckmann, J.-P.; Ruelle, D. (1985), S. 617 ff.*
202 *vgl. Grassberger, P.; Proccacia, I. (1983c), S. 189 ff.*
203 *vgl. Schuster, H.-G. (1988), S. 127*
204 *vgl. Grassberger, P.; Procaccia, I. (1983a), S. 346 ff.*
sowie: ebenda (1983c), S. 189 ff.

Betrachtet man nun den verallgemeinerten Korrelationsexponenten q-ter Ordnung[205]

$$C^q(\varepsilon) = \sum_i p_i^q = \frac{1}{N}\sum_{i=1}^{N}\left(\frac{1}{N}\sum_{j=1}^{N}\Theta(\varepsilon - \| \boldsymbol{x}_j - \boldsymbol{x}_i \|)\right)^{q-1} \quad ,$$

so wird offensichtlich, daß sich für $q = 2$ aus dem verallgemeinerten Korrelationsexponenten genau das von Grassberger und Proccacia eingeführte Korrelationsintegral ergibt. Werden nun lediglich statistisch unabhängige Paare $\boldsymbol{x}_i$ und $\boldsymbol{x}_j$ in die Betrachtung mit einbezogen[206], so läßt sich die Korrelationsdimension D_2 aus der Skalierung

$$D_q = \lim_{\varepsilon \to 0} \frac{1}{q-1} \frac{\log C(\varepsilon)}{\log \varepsilon}$$

mit $q = 2$ zu

$$D_2 = \lim_{\varepsilon \to 0} \frac{\log C(\varepsilon)}{\log \varepsilon}$$

bestimmen.

Die angestellten Betrachtungen verdeutlichen, daß die Korrelationsdimension D_2 offenbar gleich der verallgemeinerten Rényi–Dimension 2–ten Grades ist.

Bemerkenswert ist, daß sich aus dem Konzept der verallgemeinerten Rényi–Dimensionen D_q durch verschiedene Mittelungen neben der Korrelationsdimension D_2 auch die bereits vorgestellten Dimensionsmaße der Informations- und Hausdorff–Dimension D_1 und D_0 ergeben. So führt das arithmetische Mittel zur Korrelationsdimension D_2, das geometrische Mittel zur Informationsdimension D_1 und das harmonische Mittel zur Hausdorff–Dimension D_0. Diesem Umstand soll durch die nachfolgende Beziehung Rechnung getragen werden:

$$\left(\frac{1}{M}\sum_{i=1}^{M} n_i^{q-1}(\varepsilon)\right)^{\frac{1}{q-1}} \cong \varepsilon^{D_q} \qquad \text{mit} \quad (q \neq 1) \quad ,$$

wobei M die Anzahl der Referenzpunkte darstellt, über deren lokale Dichten gemittelt wird.

Wie am Ende des Abschnittes der verallgemeinerten Rényi–Dimensionen bereits angemerkt, fallen die verschiedenen Mittelungen zusammen, wenn alle lokalen Dichten identisch sind. Entsprechend läßt sich folgern, daß die Differenzen der

205 *vgl. z.B. Schuster, H.-G. (1988), S. 127*

206 *Um dieses zu erreichen, wählt man $|t_i - t_j|$ größer als die Korrelationszeit der Zeitreihe.*

Mittelungen Informationen über die Punktverteilung auf dem Attraktor enthalten. Die Differenzen der verschiedenen Dimensionen D_q sind damit als Maß für die Inhomogenität des Attraktors heranziehbar. Jedoch stehen entsprechende Untersuchungen noch aus.

Zur Schätzung des Korrelationsexponenten D_2 sollte zweckmäßigerweise $\log C(\varepsilon)$ gegen $\log \varepsilon$ dargestellt werden, wobei sich D_2 dann aus dem Anstieg dieser Kurve ablesen läßt. Dabei sind im Idealfall in Abhängigkeit von ε offenbar drei unterschiedliche Anstiegsbereiche des Graphen zu erwarten. Für "zu große"[207] ε ist zu erwarten, daß alle Vektoren $\boldsymbol{x}_i$ als korreliert aufgefaßt werden, und sich

$$C(\varepsilon) = 1$$

und damit

$$\log C(\varepsilon) = 0$$

ergibt. Andererseits ist zu erwarten, daß für sehr kleine ε unter der berechtigten Annahme von vorhandenem Rauschen in einer Zeitreihe die stochastischen Einflüsse jenseits einer gewissen Rauschgrenze signifikant auf das Korrelationsintegral Einfluß nehmen. Da die stochastischen Einflüsse auf alle m Komponenten der Vektoren gleichstark einwirken ist bezgl. $C(\varepsilon)$ die folgende Entwicklung anzunehmen:

$$C(\varepsilon) = \varepsilon^m \quad .$$

Da darüberhinaus die notwendige Einbettungsdimension m a priori nicht bekannt ist, gilt es zur Approximation der Korrelationsdimension die Abhängigkeit des Anstiegs für wachsende m zu betrachten. Für stochastische Prozesse ist zu erwarten, daß der Anstieg in der doppellogarithmischen Darstellung monoton wächst, während eine Sättigung auf eine endliche Attraktordimension hinweist. Diese Aussagen seien nun abschließend anhand der nachfolgenden Abbildungen verdeutlicht.

---

207 *"zu große" bedeutet hier genauer ausgedrückt, daß ε größer ist, als die Separation zwischen jedem möglichen untersuchten Vektorpaar.*

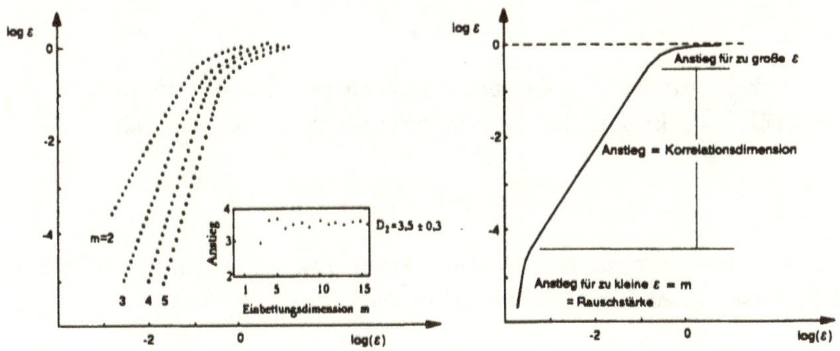

Abbildung 5.9 — Exemplarische Darstellung des Korrelationsintegrals

5.3.6 Die Lyapunov–Dimension

In Kapitel 5.2 wurde zur Bestimmung der Summe der Lyapunov-Exponenten die Fläche einer Ellipse mit den Halbachsen r_1 und r_2 betrachtet. Zur Einführung des interessanten Maßes der Lyapunov- oder auch Kaplan–Yorke–Dimension soll sich an diesen Ansatz analog angelehnt werden. Es wurde dabei festgestellt, daß eine Fläche im Phasenraum unter dem Einfluß dissipativer, chaotischer Dynamik in einer Richtung mit einem Faktor $e^{\lambda_1 t}$ mit $\lambda_1 > 0$ gestreckt und in einer anderen Richtung mit einem Faktor $e^{\lambda_2 t}$ mit $\lambda_2 < 0$ geschrumpft wird. Die Gesamtfläche entwickelt sich im Phasenraum unter der Wirkung des Flusses dann wie:

$$A(t) = A_0 e^{(\lambda_1 + \lambda_2)t} \quad .$$

Die Kaplan–Yorke–Dimension sei nun analog zur schon beschriebenen Kapazität a priori heuristisch wie folgt eingeführt:[208]

$$D_{KY} = \lim_{\varepsilon \to 0} \left(\frac{d(\log N(\varepsilon))}{d(\frac{1}{\varepsilon})} \right) \quad ,$$

mit $N(\varepsilon)$ als Anzahl der Quadrate der Seitenlänge ε, die benötigt werden um $A(t)$ vollständig zu überdecken. $N(\varepsilon)$ und ε hängen dabei von der Zeit so ab, daß gilt:[209]

$$N(t) = \frac{A_0 e^{(\lambda_1 + \lambda_2)t}}{A_0 e^{2\lambda_2 t}} = e^{(\lambda_1 - \lambda_2)t}$$

208 *vgl. Baker, G. L.; Gollub, J. P. (1990), S. 124 f.*
209 *vgl. Jetschke, G. (1989), S. 151*

und für ε:

$$\varepsilon(t) = A_0^{\frac{1}{2}} e^{\lambda_2 t} \quad .$$

Setzt man diese Ausdrücke in die oben angeführte (vorläufige) Definition für D_{KY} ein, so erhält man für den hier dargestellten zwei-dimensionalen Fall

$$D_{KY} = 1 - \frac{\lambda_1}{\lambda_2} \quad .$$

Ausgehend von dieser im Ansatz heuristischen Einführung, läßt sich nun die Kaplan-Yorke-Dimension allgemein definieren:[210]

$$D_{KY} = k + \frac{\sum_{i=1}^{k} \lambda_i}{|\lambda_{k+1}|}$$

Dabei werden die λ_i analog dem in Kapitel 5.2.2 eingeführten Lyapunov-Spektrum geordnet, so daß gilt

$$\lambda_1 \geqq \lambda_2 \geqq \ldots \geqq \lambda_n,$$

mit k als größter natürlicher Zahl, für die gilt $\lambda_1 + \lambda_2 \ldots + \lambda_i \geqq 0$, d.h.

$$\sum_{i=1}^{k} \lambda_i \geqq 0 \quad \text{und} \quad \sum_{i=1}^{k+1} \lambda_i < 0 \quad .$$

Für die Randfälle sei D_{KY} darüberhinaus wie folgt definiert:

$$D_{KY} = \begin{cases} 0, & \text{wenn } \lambda_1 < 0 \\ n, & \text{wenn } \lambda_n > 0 \end{cases} \quad .$$

Kaplan und Yorke vermuten, daß in "typischen" Fällen gilt:[211]

$$D_H = D_{KY} \quad ,$$

wobei mit "typisch" eine im lebesqueschen Sinne näherungsweise Gleichverteilung der Attraktorpunkte auf dem Fraktal gemeint ist. Grassberger und Proccacia weisen in einer detaillierten Untersuchung[212] darauf hin, daß

$$D_2 \leq D_1 = D_0 = D_{KY}$$

[210] *vgl. Kaplan, J. L.; Yorke, J. A. (1979), S. 93 ff.*

[211] *vgl. Kaplan, J. L.; Yorke, J. A. (1979), S. 93 ff.*

[212] *vgl. Grassberger, P.; Procaccia, I. (1983c), S. 189–208*

gilt. Die von ihnen selbst vorgebrachten Untersuchungsergebnisse zeigen jedoch eher, daß gilt:[213]

$$D_q \leq D_{q-1} \leq D_0 \leq D_{KY} \quad .$$

Die Kaplan–Yorke–Dimension bildet somit eine obere Grenze der bisherigen Dimensionsmaße, deren Bestimmung natürlich bei vorhandenen Systemgleichungen, sowie *insbesondere* angestellten Berechnungen von Lyapunov–Exponenten naheliegt. In jedem Fall weist dieses Dimensionsmaß zusätzlich auf eine interessante Verbindung von Lyapunov–Exponenten, der fraktalen Geometrie des Attraktors und sensitiven Abhängigkeit von den Anfangsbedingungen hin, da sich, wie bereits in Kapitel 5.2.3.4 erläutert, die Lyapunov–Exponenten eines nichtlinearen dynamischen Systems, dessen Bewegungsgleichungen bekannt sind, in den meisten Fällen präzise analytisch herleiten lassen. Zieht man für empirische Fälle in Betracht, daß die Ansprüche der Algorithmen zur Bestimmung von Lyapunov–Exponenten — insbesondere dem in dieser Arbeit in Kapitel 5.2.3.8 vorgestellten Briggs–Algorithmus — im Gegensatz zu dem von Grassberger und Procaccia eingeführten Algorithmus zur Bestimmung der Korrelationsdimension in quantitativer Hinsicht nicht so hoch sind, so bietet die Kaplan–Yorke–Dimension eine interessante Alternative für ein Dimensionsmaß. Eine fundierte Untersuchung, geschweige analytische Absicherung dieser Überlegungen steht jedoch noch aus.[214]

5.3.7 Kolmogorov–Entropie

Bereits in Kapitel 4.3 wurde nicht zuletzt aus Konsistenzgründen mit den in dieser Arbeit angeführten Maßzahlen der Chaos–Theorie zur Definition chaotischen Verhaltens das Konzept der metrischen Entropie dem der topologischen Entropie vorgezogen. Der Begriffe der metrischen Entropie wurde 1958 von Kolmogorov in die Theorie dynamischer Systeme eingeführt[215] und nachfolgend von Sinaj verfeinert[216]. Dementsprechend wird in der bestehenden, für die Chaos–Theorie relevanten Literatur dieses Maß als Kolmogorov–Sinaj–Entropie, Kolmogorov–Entropie oder auch als K–Entropie bezeichnet. Das eigentlich zur globalen Cha-

[213] *vgl. die von Grassberger und Proccacia (1983c) im gleichen Artikel veröffentlichten Ergebnisse.*

[214] *Eine detaillierte Diskussion algorithmenspezifischer Ansprüche an Datenmaterial kann im Rahmen dieser Arbeit jedoch nicht erfolgen. Es sei aber zumindest auf die von den Autoren selbst postulierten Ansprüche hingewiesen. Vgl. dazu Briggs, K. (1990) und Grassberger, P., Procaccia, I. (1983c). Darüber sei an dieser Stelle zusätzlich auf einen Artikel von Greenside, H. S.; et al. (1982) zur Problematik sogenannter "box-counting"–Algorithmen zur Dimensionsbestimmung hingewiesen.*

[215] *Kolmogorov, A. N. (1958), S. 861 ff.*
Ebenda (1959), S. 754 ff.

[216] *Sinaj, Y. G. (1959), S. 768 ff.*

rakterisierung von Abbildungen und dynamischen Systemen eingeführte Maß bildet zur Zeit wohl das "wichtigste Maß, durch das chaotische Bewegung im (beliebig-dimensionalen) Phasenraum charakterisiert werden kann"[217].

Die fundierte Herleitung des in der Ergodizitätstheorie angesiedelten Maßes der K-Entropie kann im Rahmen dieser Arbeit nicht vollzogen werden, findet sich jedoch in den entsprechenden Standardwerken dieses Feldes.[218] Zur Erläuterung der K-Entropie im Rahmen dieser Arbeit ist es hinreichend, von den Ausführungen in Kapitel 5.3.3 über die Informationsdimension D_1 auszugehen. Bei deren Betrachtung wurde eine Wahrscheinlichkeit p_i eingeführt, die der mittleren Aufenthaltsdauer einer Trajektorie in einem i-ten Elementarkubus im Phasenraum bzw. eines i-ten Systemzustandes entsprach. Bereits in den Ausführungen dieses Kapitels wurde in Anlehnung an die Wahrscheinlichkeit p_i als Entropiemaß das aus der Informationstheorie stammende Shannonsche Informationsmaß

$$I = -\sum_i p_i \log p_i$$

eingeführt. Es ist offensichtlich, daß bei den Dimensionsmaßen das Hauptaugenmerk auf der *Häufigkeit der Frequentierung* von bestimmten Teilen des Phasenraums lag.

Bevor nun näher auf die K-Entropie eingegangen wird, erscheint es angebracht, an dieser Stelle noch einmal explizit die auf seltsamen Attraktoren vorherrschende *sensitive Abhängigkeit von den Anfangsbedingungen* einzugehen. Diese Eigenschaft impliziert nicht nur, daß nahe beieinanderliegende Systemzustände exponentiell divergieren können, sondern natürlich auch, daß zwei anfänglich *nicht unterscheidbar* nah beieinander gelegene Punkte auf einem seltsamen Attraktor zu zwei völlig unterschiedlichen Trajektorien gehören können. Liegen nun zwei Systemzustände, d.h. Phasenraumpunkte so eng beieinander, daß sie bei gegebener Meßgenauigkeit nicht unterscheidbar sind, so besteht dennoch aufgrund der exponentiellen Divergenzeigenschaft bei *Verfolgung* der Systementwicklung die Möglichkeit zur Feststellung, daß diese Punkte zu zwei völlig unterschiedlichen Trajektorien gehören. Dieses bedeutet mit anderen Worten ausgedrückt also, daß im Verlaufe der Systementwicklung eine gewisse Menge an *Information* seitens des dynamischen Systems "produziert" worden ist. Das Maß, in dem sich diese produzierte Information wiederspiegelt, ist die Kolmogorov-Entropie K.

Bereits an dieser Stelle sei auf das Intervall, in dem sich das Maß K aufhalten kann, verwiesen. Schon intuitiv leuchtet ein, daß ein dynamisches System

---

[217] *Schuster, H.-G. (1988), S. 110, eigene Übersetzung*

[218] *vgl. z.B. Walters, P. (1982)*

während des Entwicklungprozesses *keine* zusätzliche Information, eine *begrenzte* Menge an zusätzlicher Information oder gar eine *unendlich* wachsende Menge an Information produzieren kann. Für den Bereich, in dem sich K aufhalten kann, bedeutet dieses

$$0 \leq K \leq \infty \quad .$$

Zur Definition der Kolmogorov–Entropie wird nun die im Shannonschen Informationsmaß enthaltene Wahrscheinlichkeit p_i, die ein Maß für die benötigte Information zur Lokalisierung des dynamischen Systems in einem bestimmten Systemzustand i darstellt, durch die Verbundwahrscheinlichkeit $p_{i_0,\cdots,i_m}$ ersetzt. Die Verbundwahrscheinlichkeiten stellen ein Maß dafür dar, daß sich der Systemzustand zum Zeitpunkt t in der i_0–ten Box, zum Zeitpunkt $t + \Delta t$ in der i_1–ten Box und zum Zeitpunkt $t + m\Delta t$ in der i_m–ten Box aufhält. Die benötigte Information, um den Systemzustand nach Verfolgung der Systementwicklung in der i_m–ten Box lokalisieren zu können, läßt sich in Anlehnung an Shannon durch

$$K_m = - \sum_{i_0,\ldots,i_m} p_{i_0,\cdots,i_m} \log p_{i_0,\cdots,i_m}$$

definieren.[219]

Die nun zusätzlich benötigte Information, um vorhersagen zu können, in welcher Box i^*_{m+1} sich das System im nächsten Evolutionsschritt K_{m+1} einfinden wird ist durch $K_{m+1} - K_m$ gegeben, wobei aus der Verfolgung der Trajektorie bekannt ist, in welchen Boxen $i^*_0, \cdots, i^*_m$ im Phasenraum sich das System zuvor aufgehalten hat. Anders interpretiert mißt $K_{m+1} - K_m$ den Verlust an Information über das System während der Systementwicklung von m zu $m + 1$. Die Kolmogorov–Entropie K kann somit als die gemittelte Informationsverlustrate des dynamischen Systems verstanden werden.[220]

$$K = \frac{1}{n} \sum_{m=1}^{n} (K_{m+1} - K_m)$$

Das soweit skizzierte Konzept der Kolmogorov–Entropie sei an der nachfolgenden Abbildung 5.10 für einen ein–dimensionalen idealisierten Fall veranschaulicht.[221]

---

219 *vgl. Schuster, H.–G. (1988), S. 111*

220 *vgl. Schuster, H.–G. (1988), S. 111*

221 *Die Idealisierung findet in der Annahme Ausdruck, daß sich $p_{i_0 i_1}$ in $p_{i_0} \cdot 1/m$ faktorisieren läßt, wobei m von i_0 ausgehend die Anzahl aller möglichen aufsuchbaren Boxen ist. Darüberhinaus umfassen die Abbildungen lediglich einen Zeitschritt.*

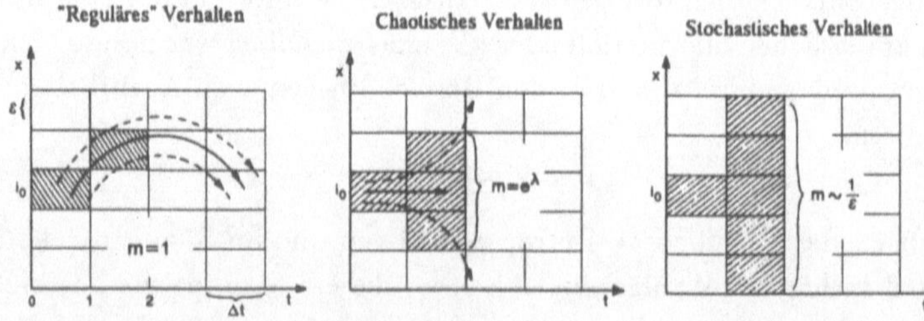

$$p_{i_0} = \varepsilon \qquad p_{i_0} = \varepsilon \qquad p_{i_0} = \varepsilon$$
$$p_{i_0 i_1} = \varepsilon \cdot 1 \qquad p_{i_0 i_1} = \varepsilon e^{-\lambda} \qquad p_{i_0 i_1} \propto \varepsilon^2$$
$$K = 0 \qquad K = \lambda \geq 0 \qquad K \propto -\log \varepsilon = \infty$$

Abbildung 5.10 — Veranschaulichung der K-Entropie

Für die von der Kolmogorov–Entropie K annehmbaren Werte soll hinsichtlich der Charakterisierung der Systemdynamik an dieser Stelle festgehalten werden, daß K für nicht–chaotisches Verhalten den Wert 0 und für stochastisches Verhalten den Wert ∞ annimmt. Im Falle chaotischen Verhaltens nimmt K einen *positiven, endlichen* Wert an.[222]

Die Definition für K muß jedoch näher konkretisiert werden. Man erhält für K durch Einsetzen des modifizierten Shannonschen Informationsmaßes und die notwendige Grenzwertbildung[223]

$$K = -\lim_{\Delta t \to 0} \lim_{\varepsilon \to 0} \lim_{m \to \infty} \frac{1}{m\Delta t} \sum_{i_0,\dots,i_m} p_{i_0,\cdots,i_m}(\varepsilon) \log p_{i_0,\cdots,i_m}(\varepsilon) \quad ,$$

mit ε als der aus Kapitel 5.3.1 bereits bekannten Seitenlänge der Elementarkuben.

Analog der Verallgemeinerung der Dimensionmaße in Kapitel 5.3.4 läßt sich die Kolmogorov–Entropie q–ter Ordnung durch Einführung des verallgemeinerten Informationsbegriffes von Rényi herleiten.[224]

$$K_q = -\lim_{\Delta t \to 0} \lim_{\varepsilon \to 0} \lim_{m \to \infty} \frac{1}{m\Delta t} \frac{1}{q-1} \sum_{i_0,\dots,i_m} p_{i_0,\cdots,i_m}(\varepsilon) \log p^q_{i_0,\cdots,i_m}(\varepsilon)$$

Grassberger und Proccacia[225] betrachteten in einem Artikel den Fall $q = 2$ und schätzen $\sum p^2_{i_0,\cdots,i_m}(\varepsilon)$ in enger Anlehnung an das Konzept der Korrelationsdimension über die Anzahl der Trajektorienpaare, die während des Zeitintervalls t

[222] *vgl. Schuster, H.-G. (1988), S. 112*
[223] *vgl. Farmer, J. D. (1982), S. 1304 ff.;*
Grassberger, P.; Procaccia, I. (1983b), S. 2591 ff.
[224] *vgl. Hao, B.-L. (1989), S. 405*
[225] *Grassberger, P.; Proccacia, I. (1983b), S. 2591 ff.*

zu $t + m\Delta t$ eng benachbart bleiben durch

$$C_m(\varepsilon) = \lim_{N\to\infty} \frac{1}{N^2} \sum_{i,j}^{N} \Theta \left(\varepsilon - \left[\sum_{k=0}^{m-1} (\boldsymbol{y}_{i+k} - \boldsymbol{y}_{j+k})^2 \right]^{\frac{1}{2}} \right) \quad ,$$

wobei die $\boldsymbol{y}_i$ die bereits in Kapitel 5.3.5 erläuterten, aus einer Zeitreihe rekonstruierten eingebetteten Vektoren sind und Θ die ebenfalls im gleichen Kapitel eingeführte Indikatorfunktion darstellt.

Grassberger und Proccacia definieren für die Schätzung der Kolmogorov–Entropie 2–ter Ordnung K_2:

$$K_2 = - \lim_{\varepsilon\to 0} \lim_{m\to\infty} \left(\frac{1}{m\Delta t} \log C_m(\varepsilon) \right) \quad .$$

Offenbar läßt sich die Kolmogorov–Entropie q–ter Ordnung aus dem verallgemeinerten Korrelationsintergral der entsprechenden q–ten Ordnung gewinnen. Dieses läßt sich nach Hao[226] durch

$$C_m^q(\varepsilon) = \left\{ \frac{1}{N} \sum_i \left[\frac{1}{N} \sum_j \Theta \left(\varepsilon - \left(\sum_{k=0}^{m-1} (\boldsymbol{y}_{i+k} - \boldsymbol{y}_{j+k})^2 \right)^{\frac{1}{2}} \right) \right]^{q-1} \right\}^{\frac{1}{q-1}}$$

definieren, wodurch sich für die verallgemeinerten Kolmogorov–Entropien q–ter Ordnung die folgende allgemeine Definition ergibt:[227]

$$K_q = - \lim_{\varepsilon\to 0} \lim_{m\to\infty} \left(\frac{1}{m\Delta t} \log C_m^q(\varepsilon) \right) \quad .$$

Analog der verallgemeinerten Rényi-Dimensionen läßt sich zeigen, daß die Ungleichung

$$K_q \leq K_{q-1}$$

hält[228], somit also das numerisch einfacher zu erhaltene Maß K_2 eine untere Grenze der anfänglich eingeführten Kolmogorov–Sinaj–Entropie K ist.

Kolmogorov–Entropie und Vorhersagezeitraum

Eine weitere Eigenschaft der K–Entropie besteht in der Tatsache, daß sich die K–Entropie zur Bestimmung des Zeitraumes T heranziehen läßt, in dem Vorhersagen über den Zustand eines dynamischen chaotischen Systems gemacht werden können.

226 *vgl. Hao, B.–L. (1989), S. 405*
227 *vgl. Hao, B.–L. (1989), S. 405*
228 *vgl. Eckmann, J.–P., Ruelle, D. (1985), S. 638*

Aus den Überlegungen der vorherigen Abschnitte[229] ist deutlich, daß sich die eingenommene Fläche eines Intervalls ε im Phasenraum unter dem Einfluß eines chaotisches Systems während n Zeitschritten entsprechend $\varepsilon e^{\lambda n}$ entwickelt, wobei nun das Intervall ε als ein Maß für die vorhandene Meßungenauigkeit verstanden sei. Nimmt man eine bestimmte Größe $\mathcal{A}$ des zugrundeliegenden chaotischen Attraktors im Phasenraum an, so wird deutlich, daß sich zu einem gewissen Zeitpunkt T die Größe der Meßungenauigkeit auf die gesamte Attraktorengröße $\mathcal{A}$ ausgedehnt hat. Formalisiert erhält man

$$\mathcal{A} \sim \varepsilon e^{\lambda T} = \varepsilon e^{KT} \quad .$$

Hat sich die Meßungenauigkeit ε auf die Attraktorengröße $\mathcal{A}$ ausgedehnt, so lassen sich keinerlei Vorhersagen über den Systemzustand mehr machen. Es ist dann lediglich möglich festzustellen, daß sich der Systemzustand mit der Wahrscheinlichkeit $p_0(x)dx$ im Intervall $[x, x+dx] \in \mathcal{A}$, mit $p_0(x)$ als invarianter Dichte des Systems, aufhält. Unter diesen Voraussetzungen ist die Systementwicklung als probalistisch anzusehen. Löst man die obigen Gleichungen nach dem Zeitraum T, in dem Vorhersagen über Systemzustand zulässig sind, so erhält man

$$T = \frac{1}{\lambda} \log\left(\frac{1}{\varepsilon}\right) \quad \text{bzw.} \quad T = \frac{1}{K} \log\left(\frac{1}{\varepsilon}\right) \quad .$$

An dieser Beziehung wird deutlich, daß die Meßgenauigkeit ε die Zeitspanne, über die ein chaotisches dynamisches System vorhergesagt werden kann, lediglich in logarithmischer Abhängigkeit beeinflußt. Soll, mit anderen Worten, der zulässige Vorhersagezeitraum verdoppelt werden, so muß die Meßgenauigkeit *quadratisch* erhöht werden!

5.4 Die Beziehung zwischen K-Entropie, Lyapunov-Exponenten und Dimensionsmaßen

Bei den obigen Überlegungen wurde die Beziehung

$$K = \lambda^+$$

unterstellt. In der Abbildung 5.10 ist deutlich sichtbar, wie im (idealisierten) eindimensionalen Fall der Lyapunov-Exponent die Entwicklung des Systemverlaufs beeinflußt. Die auf ein Volumenelement des Phasenraums expandierend wirkenden Einflüsse werden bekanntermaßen durch die positiven Lyapunov-Exponenten

229 *Dabei insbesondere den Abschnitt 5.2 über Lyapunov-Exponenten.*

eines dynamischen Systems beschrieben. Da mit anderen Worten für das Aufsuchen neuer Elementarkuben im Phasenraum einzig die expandierend wirkenden positiven Lyapunov–Exponenten verantwortlich sind, ist deutlich, daß die negativen Lyapunov–Exponenten keinerlei Einfluß auf die Kolmogorov–Entropie K besitzen. Dieser Sachverhalt findet auf mehr–dimensionale Systeme verallgemeinert Ausdruck in der Identität von Pesin[230]

$$K = \sum_i \lambda_i^+ \quad ,$$

wobei die Summe über alle positiven Lyapunov–Exponenten zu bilden ist.

Bis heute ist jedoch nicht eindeutig geklärt, wie häufig in praktisch relevanten Systemen diese Beziehung gilt. Es wird jedoch allgemein üblich unterstellt, daß Ruelle's Relation, die nicht den Bedingungen von Pesin's Identität genügen muß, gilt:[231]

$$K \leq \sum_i \lambda_i^+ \qquad \text{mit} \quad \lambda_i \geq 0 \quad .$$

Für eine tiefergehende Diskussion der obigen Beziehungen muß im Rahmen dieser Arbeit auf die Artikel von Ledrappier & Young[232] und die Ausführungen von Eckmann & Ruelle[233] verwiesen werden.

Für die Approximation von K läßt sich somit festhalten, daß man über die relativ einfach zu bestimmenden Lyapunov–Exponenten leicht eine obere Schranke für die Kolmogorov–Sinaj–Entropie schätzen kann. Für eine exaktere Schätzung von K ist jedoch der von Grassberger und Procaccia vorgeschlagene Ansatz über die verallgemeinerten K–Entropien q–ter Ordnung für $q = 1$ vorzuziehen.[234]

Eine andere Beziehung läßt sich zwischen den Lyapunov–Exponenten und der Dimension eines Attraktors herstellen. Geht man davon aus, daß die Dimension eines Attraktors ein Maß für die effektiven Freiheitsgrade des dynamischen Systems darstellt, so läßt sich vermuten, daß die Dimension zur Anzahl der positiven und neutralen Lyapunov–Exponenten in einer gewissen Beziehung steht. Es ist offensichtlich, daß stark negative Lyapunov–Exponenten keinen Einfluß auf die förmliche Ausprägung eines Attraktors haben, während weniger stark negative einen gewissen Kompensationseinfluß auf die positiven Lyapunov–Exponenten ausüben und in gewisser Weise auf den Attraktor modifizierend wirken.[235]

230 *vgl. Pesin, Ya. B. (1977), S. 55*
231 *vgl. Ruelle, D. (1978), S. 83 ff.*
232 *vgl. Ledrappier, F.; Young, L.-S. (1985), S. 509 ff. und 540 ff.*
233 *vgl. Eckmann, J.-P.; Ruelle, D. (1985), S. 617 ff.*
234 *Der Ansatz von Grassberger und Procaccia bezieht sich primär auf $q = 2$, ist jedoch problemlos für $q = 1$ nachvollziehbar. Vgl. dazu Schuster, H.-G. (1988), S. 137*
235 *vgl. Hao, B.-L. (1989), S. 411*

5.5 Die BDS–Statistik

In dieser Arbeit soll ein weiteres, von Brock, Dechert und Scheinkman ca. 1987 entwickeltes Verfahren nicht unbeachtet bleiben.[236,237,238]
Hierbei handelt es sich um die nach den Autoren benannte *BDS–Statistik*. Eigentliches Ziel der BDS–Statistik ist nun die Überprüfung der Nullhypothese, daß die beobachteten Ausprägungen einer untersuchten Variablen identisch und unabhängig verteilt sind.

Ausgangspunkt für die BDS–Statistik bildet das bereits beschriebene Korrelationsintegral.[239] Dabei wurde eine Zeitreihe ($x_t, \quad t = 1, 2, \ldots, T$) dazu verwendet, die sogenannten N–Histologien $x_t^N = x_t, x_{t+1}, \ldots, x_{t+N-1}$ der Zeitreihe zu bilden. Diese Vektoren dienten dann der Bestimmung des Korrelationsintegrals:[240]

$$C_N(\varepsilon) = \frac{2}{T_N(T_N - 1)} \sum_{1 \leq i < j \leq T_N} \prod_{k=0}^{m-1} \Theta(\varepsilon - \| \boldsymbol{x}_{i+k} - \boldsymbol{x}_{j+k} \|) \quad ,$$

wobei T_N durch $T_N = T - N + 1$ gegeben ist.
Brock/Dechert/Scheinkman konnten zeigen, daß unter der Hypothese einer identischen und unabhängigen Verteilung für die Schätzung der Wahrscheinlichkeit $C_N(\varepsilon)$ mit einem Erwartungswert von 1

$$C_N(\varepsilon) \longrightarrow C_1(\varepsilon)^N \quad \text{mit} \quad T \to \infty$$

folgt.[241]

---

236 *vgl. Brock, W. A.; Dechert, W. D.; Scheinkman, J. A. (1987) und Brock, W. A.; Dechert, W. D.; Scheinkman, J. A., LeBaron, B. (1988)*

237 *Es muß jedoch angemerkt werden, daß es trotz mehrfacher Bemühungen und anfänglich positiver Zusagen seitens einem der obigen Autoren nicht möglich war die der BDS–Statistik zugrundeliegenden Arbeitspapiere zu erhalten. Die Arbeitspapiere sind jedoch aus Gründen der Vollständigkeit im Literaturverzeichnis aufgenommen. Die Statistik selbst ist ist in Anlehnung an Hsieh (1989) und Scheinkman & LeBaron (1989b) beschrieben.*

238 *Andere Testverfahren bezüglich Nichtlinearität wurden eingeführt von z.B. R. Tsay (1986) und M. Hinich (1982). Sie sollen im Rahmen dieser Arbeit jedoch nicht weiter beleuchtet werden.*

239 *vgl. dazu Kapitel 5.3.5*

240 *Nachfolgend sei die Indikatorfunktion für das Ereignis* $\| x_{t+i} - x_{s+i} \| < \varepsilon (i = 0, 1, \ldots, N-1)$ *zur Vereinfachung durch* $\Theta_\varepsilon(x_t^N, x_s^N)$ *dargestellt.*

241 *vgl. Hsieh, D. (1989), S. 343*

Brock et al. konnten weiterhin zeigen, daß $\sqrt{T}(C_N(\varepsilon)-C_1(\varepsilon)^N)$ asymptotisch normalverteilt ist mit dem Erwartungswert 0 und die Varianz $\sigma_N^2(\varepsilon)$ folgendermaßen konsistent geschätzt werden kann:

$$\hat{\sigma}_N^2(\varepsilon) = 4\Big(K(\varepsilon)^N + 2\sum_{j=1}^{N-1} K(\varepsilon)^{N-j}C_1(\varepsilon)^{2j} + (N-1)^2C_1(\varepsilon)^{2N} - N^2K(\varepsilon)C_1(\varepsilon)^{2N-2}\Big) \quad ,$$

wobei

$$K(\varepsilon) = \frac{6}{T_N(T_N-1)(T_N-2)} \sum_{t<s<r} \Theta_\varepsilon(x_t^N, x_s^N)\Theta_\varepsilon(x_s^N, x_r^N) \quad .$$

Entsprechend dieser Überlegungen ergibt sich für die Berechnung der unter der Nullhypothese einer asymptotischen Standardnormalverteilung folgenden BDS-Statistik:[242]

$$bds = w_N(\varepsilon) = \frac{\sqrt{T}(C_N(\varepsilon) - C_1(\varepsilon)^N)}{\sigma_N(\varepsilon)}$$

Die BDS-Statistik gibt nun *gewisse* Informationen über die Art der Abhängigkeit des untersuchten Datensatzes.[243] Ist beispielweise *bds* eine positive Zahl ungleich 0, so ist die Wahrscheinlichkeit, daß zwei N-Histologien x_t^N und x_s^N *nah* beieinander liegen, größer als das N-te Moment der Wahrscheinlichkeit, daß zwei beliebige Punkte x_t und x_s nah zusammen liegen. Offensichtlich findet dann eine "gewisse" Strukturbildung im N-dimensionalen Phasenraum statt, d.h. daß gewisse Bewegungsmuster öfter auftauchen, als es bei reinen stochastischen Prozessen zu vermuten gewesen wäre. Mit anderen Worten bildet die BDS-Statistik ein Maß für die Wahrscheinlichkeit, daß die untersuchten Daten durch einen Prozeß mit unabhängiger und identischer Verteilung generiert wurden.

Tauchen nun systematische Nichtlinearitäten in den untersuchten Daten auf, so wird aufgrund des Widerspruchs zu den Annahmen einer identischen und unabhängigen Verteilung die Nullhypothese verworfen. Dennoch muß eine Verwerfung der Nullhypothese nicht allein aus dem Einfluß chaotischer Dynamik resultieren. Ebenso können lineare bzw. nichtlineare stochastische Einflüsse zu einer Ablehnung führen. Folglich sind zusätzliche Diagnoseverfahren notwendig, um die Ursache einer Verwerfung der Nullhypothese näher zu beleuchten. Auf ein Verfahren sei exkursiv kurz hingewiesen.

---

242 *vgl. Hsieh, D. (1989), S. 343*
243 *vgl. Hsieh, D. (1989), S. 344*

Brock's Residuen-Theorem:[244]

Ist die Zeitreihe y_t deterministisch (chaotisch), dann sind auch die durch eine Regression

$$y_t = \sum_{i=1}^{I} \alpha_i y_{t-1} + \mu_t$$

gewonnenen Residuen μ_t deterministisch (chaotisch) und besitzen sowohl die gleiche Korrelationsdimension als auch die gleichen Lyapunov-Exponenten wie y_t.

Auf der Grundlage dieses Theorems lassen sich somit lineare bzw. nichtlineare Modelle an die zu untersuchenden Daten anpassen, wobei die so erhaltenen Residuen mittels chaostheoretische Methoden weiter untersucht werden können.

Dabei ist natürlich insbesondere das angepaßte Modell von besonderem Interesse. Angemerkt sei jedoch, daß das Anpassen von Erklärungsmodellen und die Untersuchung von Residuen keine Neuigkeit darstellt. Jedoch werden Residuen zumeist auf (partielle) Autokorrelationen hin untersucht, um ein Maß für den Erklärungsgehalt des angepaßten Modells zu erhalten. Auf die Problematik von Autokorrelation im Rahmen der Chaos-Theorie wurde bereits hingewiesen.

Interessant an der BDS-Statistik als Maß für systematische Nichtlinearitäten erscheint nun die Möglichkeit, sie als Maß für die Güte von inkorporierter Nichtlinearität in z.B. (E(G))ARCH-Modellen[245] zu verwenden. Insofern stellt sich die BDS-Statistik als ein neues Instrument zur Untersuchung von Residuen, das insbesondere den systematischen Nichtlinearitäten in Zeitreihen Rechnung trägt, als eine äußerst interessante Brücke zwischen Chaos-Theorie und ökonomischer Modellbildung dar.
Jedoch stehen Untersuchungen von Residuen nichtlinearer Modelle in Verbindung mit der BDS-Statistik noch weitestgehend aus.[246]

244 *vgl. Brock, W. A. (1986), S. 168 ff.*

245 *vgl. Nelson, D. (1991), S. 347 ff. bzgl. EGARCH
Bollerslev, T. (1986), S. 307 ff. bzgl. GARCH und
Engle, R. (1982), S. 987 ff. bzgl. ARCH.*

246 *Hsieh vermutet, daß bei der Verwendung von Residuen nichtlinearer Modelle der BDS-Test u.U. zugunsten der Unabhängigkeitshypothese verzerrt wird.
vgl. hierzu die Diskussion in Hsieh, D. (1989), S. 362*

6. Schlußbetrachtungen

Was also nun sind die Primärimplikationen der Chaostheorie? Um sich einer Antwort auf diese Fragestellung anzunähern, ist vor allem unter den teils nebulösen Entwicklungen im Zusammenhang mit der Chaostheorie eine differenzierte Vorgehensweise angebracht. Insbesondere in den Sozial- und Gesellschaftswissenschaften hat die Chaostheorie einen z.T. "mystischen" Beigeschmack bekommen. Ob diese Entwicklung in Unverständnis, wissenschaftlichem Pragmatismus etc. begründet liegt, soll hier nicht gemutmaßt werden. Jedoch muß dieser Umstand zumindest festgestellt werden. Dabei sind die Implikationen der Chaostheorie selbst bei nüchterner Betrachtung bereits weitreichend genug, so daß eine "Mystifizierung" dem eigentlichen Kern der Chaostheorie nur abträglich sein kann.

6.1 Chaos in den Wirtschaftswissenschaften

In Bezug auf wirtschaftswissenschaftliche Untersuchungen, die in Zusammenhang mit der Chaostheorie stehen, läßt sich grob eine Trennmarke ziehen. Bis ca. 1988/89 beschäftigt sich der Hauptteil der Untersuchungen mit dem theoretischen Nachweis, daß bei Zulassung von nichtlinearen Interaktionen chaotische Systemzustände möglich sind.[247] Deterministisches Chaos wird in derartigen theoretischen Untersuchungen diagnostiziert, indem geprüft wird, ob die dynamische Spezifikation in einen Typ transformiert werden kann, dessen chaotisches Verhalten für gewisse Parameterwerte bekannt ist. Die verwendeten Modelle sind dabei zum großen Teil von recht simpler Struktur und lassen sich oftmals auf den Grundtyp der logistischen Gleichung zurückführen.[248]

Seit ca. 1988 ist eine zunehmende Verlagerung der Veröffentlichungen in den Bereich empirischer Untersuchungen zu verzeichnen. Gegenstand der Untersuchungen sind z.B. Wechselkurse[249], Aktienindizes[250], Aktienkurse[251], Produktionsindizes des industriellen Sektors[252], Bruttosozialproduktzeitreihen[253] also generell makroökonomische Größen, die durch vergleichsweise umfangreiche Zeitreihen gekennzeichnet sind. Der überwiegende Teil der Untersuchungen versucht in

[247] *Ein Überblick über wirtschaftstheoretische Arbeiten, die sich mit der Möglichkeit von Chaos beschäftigen, findet man z.B. in Lorenz, H.-W. (1989), S. 119–129.*

[248] *vgl. z.B. Stahlecker, P.; Schmidt, K. (1991), S. 191 f., die auf diese Weise als Beispiel ein Überschußnachfragemodell behandeln.*

[249] *vgl. z.B. Kugler, P.; Lenz, C. (1990)*

[250] *Ashley, R. J.; Patterson, D. M. (1989)*

[251] *vgl. z.B. Scheinkman, J. A.; LeBaron, B. (1989b), Hsieh, D. (1991)*

[252] *Ashley, R. J.; Patterson, D. M. (1989)*

[253] *vgl. z.B. Scheinkman, J. A.; LeBaron, B. (1989a)*

Zeitreihen deterministisches chaotisches Verhalten zu verwerfen oder zu bestätigen. Unabhängig von der Antwort auf die obige Fragestellung zieht sich durch alle Untersuchungen dieser Art *ein* charakteristisches *"Ergebnis"*. Alle Untersuchungen stellen Abhängigkeiten nichtlinearer Struktur fest und verwerfen die Hypothese unabhängig-identischer Verteilung. Jedoch werden deterministisch-nichtlineare Strukturen in diesen Untersuchungen in den überwiegenden Fällen ebenfalls verworfen. Dieses Ergebnis gibt den bekannten nichtlinear-stochastischen Modellen Auftrieb. Es gilt also in erster Annäherung festzuhalten, daß nichtlineare Abhängigkeiten in allen Fällen vorhanden zu sein scheinen.
Hinterfragt man die Methodik, die zur Ablehnung der Hypothese deterministisch-chaotischen Verhaltens führt, so offenbaren sich in den wirtschaftswissenschaftlich orientierten Untersuchungen Unzulänglichkeiten, von denen nachfolgend einige exemplarisch angeführt werden sollen.[254]

In fast allen Untersuchungen wird auf die "relativ" kurzen Zeitreihen ökonomischer Variablen verwiesen. Hsieh[255] z.B. benutzt unterschiedliche Zeitreihen von 1297-2017 Beobachtungen und setzt diese in Gegensatz zu den üblicherweise ca. 100.000 Beobachtungswerten in physikalischen Untersuchungen. Ökonomische Zeitreihen von über 7500 Werten sind jedoch heute im Bezug auf den von Hsieh untersuchten Aktienmarkt keine Ausnahme mehr. Seine weiteren Untersuchungen basieren dann im Hauptteil auf der BDS-Statistik, nachdem er auf die umfangreichen Datenanforderungen der von Grassberger und Proccacia vorgeschlagenen Korrelationsdimension eingegangen ist. Im Ergebnis verwirft er die Hypothese deterministisch-nichtlinearer Interdependenzen auf der Basis der Ergebnisse der BDS-Statistik.
Die von Hsieh verwandte BDS-Statistik stellt nun jedoch hinsichtlich Qualität und Quantität weitestgehend die gleichen hohen Anforderungen an das verwandte Datenmaterial wie die von ihm zu recht kritisierte Korrelationsdimension. Ein Versuch zur Schätzung von Lyapunov-Exponenten — dem wohl wichtigsten Maß zur Klassifikation chaotischen Verhaltens — findet sich in seiner Untersuchung nicht. Dabei wurde z.B. von Briggs[256] gezeigt, daß bereits aus Zeitreihen mit einem Beobachtungsumfang von $\approx$ 2000 Werten die Lyapunov-Exponenten recht zuverlässig approximierbar sind.

---

[254] *Die kritische Betrachtung muß im Rahmen dieser Arbeit bzw. dieses Abschnittes kurz und unvollständig ausfallen. Eine detaillierte Untersuchung würde zwangsläufig zu einer eigenständigen Arbeit führen.*

[255] *vgl. Hsieh, D. (1991), S. 1847*

[256] *vgl. Abschnitt 6.2.3.7*

Konsequenter geht Peters vor.[257] Peters bestimmt für die von ihm untersuchten Zeitreihen sowohl die Dimension wie auch die Lyapunov-Exponenten. Die Problematik des von Grassberger und Procaccia vorgeschlagenen Algorithmus' zur Bestimmung der Korrelationsdimension deutet sich beim Vergleich der Ergebnisse von Peters und denen von Scheinkman und LeBaron an.[258] Die Lyapunov-Exponenten bestimmt Peters anhand des Wolf-Algorithmus. Es wurde bereits auf die Stabilitätsproblematik des Wolf-Algorithmus verwiesen. Peters geht auf diese Problematik der von Wolf zur Verwendung mit diesem Algorithmus vorgeschlagenen "rules of thumb" kurz ein und kommt zu einer schwer nachvollziehbaren Aussage: *"If convergence does not occur, then the specifications need to be redone, or the system is not chaotic."*[259] Er bestimmt im nachfolgenden jeweils die ersten, d.h. größten Lyapunov-Exponenten λ_1 verschiedener Aktienmarktzeitreihen[260], mit beeindruckender Konvergenz. Die Bestimmung der übrigen 2 Lyapunov-Exponenten unterbleibt. Eine absichernde Überprüfung der von ihm zuvor approximierten Korrelationsdimension anhand z.B. der Kaplan-Yorke-Dimension kann so von ihm nicht vorgenommen werden.

Eine weitere kritische Durchleuchtung der bisherigen Untersuchungen ökonomischer Zeitreihen würde leicht ausufern. Es sei an dieser Stelle jedoch abschließend kurz festgehalten, daß die Ergebnisse bisheriger Analysen z.T. auf

- Verwendung nicht adäquater numerischer Prozeduren,
- unvollständiger und inkonsequenter Durchführung der Untersuchungen

beruhen. In diesem Licht erscheinen zumindest die in den Wirtschaftswissenschaften bisweilen vorgetragenen Ergebnisse zum Teil als halbherzig. Der hohe Grad an Komplexität in ökonomischen Prozessen und damit implizit in den durch sie generierten Zeitreihen wie auch die Tatsache, daß naturwissenschaftliche Zeitreihen gemeinhin umfangreicher sind, können nicht ignoriert werden, jedoch ist simpler Unmut über zu "kurze" Zeitreihen an den verwandten numerischen Verfahren zu relativieren. Es erscheint dringend angeraten, von den moderneren verfügbaren Algorithmen Gebrauch zu machen.[261] Ökonomische Untersuchungen, die von die-

[257] *vgl. Peters, E. (1991)*

[258] *Peters bestimmt für Zeitreihen des US-Aktienmarktes eine Korrelationsdimension von* $\approx 2,33$ *(S & P 500) während Scheinkman und LeBaron für die von ihnen untersuchten US-Aktienmarktdaten einen Wert von* $\approx 5,7$ *angeben. Auf die Unterschiede in den Basisdaten kann hier nicht eingegangen werden. Dennoch ist diese Divergenz der beiden Ergebnisse bzgl. eines Marktes als durchweg zu hoch einzuschätzen.*

[259] *Peters, E. (1991), S. 177*

[260] *S & P 500, MSCI Germany, MSCI Japan und MSCI U.K.*

[261] *Diese Aussage bezieht sich direkt auf die neueren Algorithmen zur Bestimmung von Lyapunov-Exponenten wie auch dem von Liebert, W.; Pawelzik, K.; Schuster, H.-G. (1991) vorgeschlagenen Algorithmus zur Dimensionsbestimmung.*

sen Algorithmen Gebrauch machen, liegen zur Zeit jedoch noch nicht vor. Der Autor ist der Auffassung, daß eine konsequente Verwendung von "up-to-date" numerischen Verfahren zu weitreichenden Qualitätsverbesserungen der Untersuchungsergebnisse führen dürfte.

Ein zusätzliches Argument, bezogen auf die Kapitalmarkttheorie, sei angeknüpft an die vorstehend beschriebenen Ergebnisse. Wie bereits angesprochen zieht sich durch diese Untersuchungsergebnisse *ein* roter Faden: das Vorhandensein nichtlinearer Strukturen. Aussagen darüber, ob diese Strukturen stochastischer bzw. deterministischer Art sind, divergieren wie bereits angemerkt in den verschiedenen Untersuchungen z.T. beträchtlich. Die Erkenntnis über das Vorhandensein nichtlinearer Strukturen kann jedoch nicht überraschen. Weiß man doch, daß z.B. Marktunvollkommenheiten prinzipiell mit nichtlinearen Strukturen einhergehen. In Anbetracht der Ergebnisse z.B. bezüglich des Kapitalmarktes überrascht eigentlich eher die der Implikation der Chaostheorie entgegengebrachte Nichtbeachtung. Was fehlt und somit Raum läßt für umfassende wissenschaftliche Betätigung, ist eine formal orientierte kritische Durchleutung der herkömmlichen theoretischen Grundannahmen. Für die Kapitalmarkttheorie bedeutet dies insbesondere eine Überprüfung des Konzeptes der Hypothese des effizienten Marktes und der auf dieser Hypothese basierenden Modellstrukturen. Besonderes Interesse sollte dabei den Annahmen

- des Gleichgewichts und
- der statistischen Größe Zeit

gewidmet werden. Ziel solcher Arbeit könnte sein, die Analyse der durch ein statisches Kapitalmarktgleichgewicht bedingten linearen Strukturen auszubauen zu dynamischen Anpassungsbewegungen, beschrieben durch nichtlineare stochastische und nichtlineare deterministische Strukturen. Ansätze dazu liegen vor.[262] Es ist zusammenfassend festzustellen, daß zum einen ein Teil der Wirtschaftswissenschaftler am "Run" auf die Aufdeckung nichtlinear-deterministischer Strukturen versucht teilzuhaben, jedoch z.T. nichtadäquate numerische Prozeduren verwendet, und zum anderen aber eine grundlegende kritische Überprüfung der paradigmatischen Grundannahmen bis jetzt nicht in ausreichender Weise stattgefunden hat.

262 *Vgl. z.B. Vaga, T. (1990), Akgiray, V. (1989), Peters, E. (1991).*

6.2 Resümee

Die vorliegende Arbeit hat sich intensiv mit Phänomenen auseinandergesetzt, die auftreten können, wenn man nichtlineare Kopplung in Modellgleichungen zuläßt. Das Hauptaugenmerk wurde dabei auf die im Zusammenhang mit der Chaostheorie neu entwickelten statistischen Maßzahlen gelegt. Erratisches Verhalten kann dabei nach wie vor auf exogene Einflüsse zurückgehen. Aber die Chaostheorie hat eindrücklich gezeigt, daß bei einer Ausweitung der Systemmodellierung in die Nichtlinearität scheinbar erratisches Verhalten eben auch aus dem dynamischen System selbst, also endogen generiert werden kann. Es käme einer Übertreibung gleich zu folgern, daß die Ausweitung der existierenden Methodik auf nichtlineare Strukturen *direkt* zu z.B. verbesserten Vorhersagen der Systementwicklung führen werden. Der momentan zu verzeichnende Trend, überall deterministisches Chaos entdecken zu wollen, führt in eine Sackgasse. Die Chaostheorie an solchen Ergebnissen zu messen wäre fatal. Es erscheint angemessener, die äußerst einfache, ja geradezu banal klingende Konsequenz der Ergebnisse der Chaostheorie aufzugreifen und diese auf das bestehende lineare Wissenschaftsparadigma anzuwenden. Existieren doch mittlerweilen einfach zu viele Anhaltspunkte — sowohl vom theoretischen wie auch empirischen Standpunkt aus — sich einer methodischen Ausweitung des bestehenden Formalapparates in den Bereich Nichtlinearität zu verschließen. Die traditionellen statistischen Methoden untersuchen in der Hauptsache lediglich lineare Zusammenhänge, also Korrelationen. Nichtlineare Strukturen konnten bislang kaum untersucht werden. Erst mit neueren Methoden und deren konsequenter Anwendung ist eine Untersuchung nichtlinearer Zusammenhänge möglich. Dabei hat sich gezeigt, daß die Erklärungskraft nichtlinearer Modelle die von linearen beträchtlich übersteigt. Das lineare Paradigma wird dabei zu einem Spezialfall des verallgemeinerten nichtlinearen Falles. Die Zunahme an Komplexität mag dabei einhergehen mit einer Zunahme an Ungewißheit hinsichtlich der Lösungen einzelner spezieller Probleme. Jedoch eröffnen sich mit der Zulassung nichtlinearer Interdependenzen ganz neue Möglichkeiten für das Verständnis in und um die Vorgänge des Ganzen. Keinesfalls sollten aber die Ergebnisse der Chaostheorie dazu verleiten, die bestehenden Strukturen per se zu verwerfen. Vielmehr weisen diese Ergebnisse eindrucksvoll darauf hin, welch großer Ausschnitt der Realität durch die Restriktion auf lineare Strukturen bisher unbeachtet geblieben ist. Die Tür zu einem verallgemeinerten nichtlinearen Wissenschaftsparadigma ist — nicht zuletzt auch durch die Chaostheorie — weit aufgestoßen. Was bleibt, ist ein sehr weiter und hochinteressanter Raum für zukünftige wissenschaftliche Forschung.

Literaturverzeichnis

Akgiray, V. (1989). Conditional Heteroscedasticity in Time Series of Stock Returns: Evidence and Forecasts. *Journal of Business*, *62*, S. 55–80.

Anderson, P. W., K. J. Arrow und D. Pines, Hrsg. (1988). *The economy as an evolving complex system*, Santa Fe Institute studies in the science of complexity, Vol. 5. Addison-Wesley, Redwood City.

Aristoteles (1987). Physik. In: G. Zekl, Hrsg., *Aristoteles' Physik.* Felix Meiner Verlag, Hamburg.

Arnol'd, V. I. (1979). *Gewöhnliche Differentialgleichungen.* Deutscher Verlag der Wissenschaften, Berlin.

Arrow, K. J. und F. H. Hahn (1971). *General competitive analysis.* Holden-Day, San Francisco.

Arthur, W. B. (1988). Self-reinforcing mechanisms in economics. In: *P. W. Anderson* et al., 1988, S. 9–32.

Ashley, R. J. und D. M. Patterson (1989). Linear Versus Nonlinear Macroeconomics: A Statistical Test. *International Economic Review*, *30*, S. 685–704.

Baker, G. L. und J. P. Gollub (1990). *Chaotic Dynamics.* Cambridge University Press, Cambridge.

Barnett, W. A., E. R. Berndt und H. White, Hrsg. (1988). *Dynamic econometric modeling*, Proceedings of the Third International Symposium in Economic Theory and Econometrics. Cambridge University Press, Cambridge.

Barnett, W. A., J. Geweke und K. Shell, Hrsg. (1989). *Economic Complexity: Chaos, Sunspots, Bubbles and Nonlinearity*, Proceedings of the Forth International Symposium in Economic Theory and Econometrics. Cambridge University Press, Cambridge.

Batten, D., J. Casti und B. Johannson, Hrsg. (1987). *Economic Evolution and Structural Adjustment.* Springer, Berlin.

Baumol, W. J. und J. Benhabib (1989). Chaos: Significance, mechanism, and economic applications. *Journal of Economic Perspectives*, *3*, S. 77–105.

Benhabib, J. und R. H. Day (1980). Erratic accumulations. *Economics Letters*, *6*, S. 113–117.

Benhabib, J. und R. H. Day (1981). Rational choice and erratic behavior. *Review of Economic Studies, 48*, S. 459–472.

Benhabib, J. und K. Nishimura (1985). Competitive equilibrium cycles. *Journal of Economic Theory, 35*, S. 284–306.

Bennettin, G., L. Galgani, L. Giorgilli und J.-M. Strelcyn (1980). Lyapunov characteristic exponents for smooth dynamical systems and for hamiltonian systems; a method for computing all of them. *Meccanica, 15*, S. 9–20.

Bennettin, G., L. Galgani und J.-M. Strelcyn (1976). Kolmogorov Entropy and Numerical Experiments. *Physical Review A, 14*, S. 2338–2345.

Bergé, P., Y. Pomeau und C. Vidal (1986). *Order within Chaos.* Wiley, New York. Im franz. Orginal (1984): Paris: Herman.

Billingsley, P. (1965). *Ergodic Theory and Information.* Wiley, New York.

Boldrin, M. (1988). Persistent oscillations and chaos in economic models: notes for a survey. In: *P. W. Anderson* et al., 1988, S. 49–75.

Boldrin, M. und L. Montrucchio (1986). On the in determinacy of capital accumulation paths. *Journal of Economic Theory, 40*, S. 26–39.

Boldrin, M. und M. Woodford (1988). *Equilibrium models displaying endogenous fluctuations and chaos: a survey.* Department of Economics, University of California at Los Angeles. Working Paper #530.

Bollerslev, T. (1986). Generalized autoregressive conditional heteroskedasticity. *Journal of Econometrics, 31*, S. 307–327.

Box, G. und G. Jenkins (1976). *Time Series Analysis.* Holden–Day, San Francisco.

Briggs, K. (1990). An improved method for estimating Lyapunov exponents of chaotic time series. *Physics Letters A, 151*, S. 27–32.

Brillouin, L. (1964). *Scientific Uncertainty, and Information.* Academic Press, New York.

Brock, W. A. (1986). Distinguishing random and deterministic systems: Abridged version. *Journal of Economic Theory, 40*, S. 168–195.

Brock, W. A. (1988). Nonlinearity and complex dynamics in economics and finance. In: *P. W. Anderson* et al., 1988, S. 77–97.

Brock, W. A. und W. D. Dechert (1988). Theorems on distinguishing deterministic from random systems. In: *W. A. Barnett* et al., 1988, S. 247–268.

Brock, W. A., W. D. Dechert und J. A. Scheinkman (1987). *A test for independence based upon the correlation dimension.* Departments of Economics. University of Wisconsin, Madison, University of Houston and University of Chicago.

Brock, W. A., W. D. Dechert, J. A. Scheinkman und B. LeBaron (1988). *A test for independence based upon the correlation dimension.* Departments of Economics. University of Wisconsin, Madison, University of Houston and University of Chicago.

Brock, W. A., D. Hsieh und B. LeBaron, Hrsg. (1991). *A test of nonlinear dynamics, chaos and instability.* M.I.T. Press, Cambridge.

Brock, W. A. und A. G. Malliaris (1989). *Differential Equations and Chaos in Dynamic Economics.* North–Holland, Amsterdam.

Brock, W. A. und C. L. Sayers (1988). Is the Business Cycle Characterized by Deterministic Chaos. *Journal of Monetary Economics*, *22*, S. 71-90.

Brown, R., P. Bryant und H. D. I. Abarbanel (1991). Computing the Lyapunov spectrum of a dynamical system from an observed time series. *Physical Review A*, *43*, S. 2787–2806.

Bunow, B. und G. H. Weiss (1979). How Chaotic is Chaos? Chaotic and Other "Noisy" Dynamics in the Frequency Domain. *Mathematical Biosciences*, *47*, S. 221–237.

Butler, G. J. und G. Pianigiani (1978). Periodic Points and Chaotic Functions in the Unit Intervall. *Bulletin of the Australian Mathematical Society*, *18*, S. 255–265.

Chatfield, C. (1989). *The Analysis of Time Series.* Chapman and Hall, London.

Chen, P. (1988). Empirical and theoretical evidence of economic chaos. *System Dynamics Review*, *4*, S. 81–108.

Collet, P. und J.-P. Eckmann (1980). *Iterated Maps on the Intervall as Dynamical Systems.* Birkhäuser, Boston.

Conte, R. und M. Dubois (1988). Lyapunov Exponents of Experimental Systems. In: J. J. P. Leon, Hrsg., *Nonlinear Evolutions*, S. 767–780. World Scientific, Singapore.

Cosnard, M. und J. Demongeot (1985). On the Definition of Attractors. In: R. Riedl, L. Reich und G. Targonski, Hrsg., *Iteration Theory and its Functional Equations*, Lecture Notes in Mathematics, No. 1163. Springer, Berlin.

Cox, D. R. und H. D. Miller (1977). *The Theory of Stochastic Processes.* Chapman and Hall, London.

Crutchfield, J. P., J. D. Farmer, N. H. Packard und R. S. Shaw (1986). Chaos. *Scientific American, 46*, S. 46–57.

Crutchfield, J. P., J. D. Farmer, N. H. Packard, R. S. Shaw, G. Jones und R. J. Donelly (1980). Power Spectral Analysis of Dynamical Systems. *Physical Letters A, 76*, S. 1–4.

Cvitanović, P., Hrsg. (1984). *Universality in Chaos.* Adam Hilger, Bristol.

Day, R. H. (1982). Irregular Growth Cycles. *American Economic Review, 72*, S. 406–414.

Day, R. H. (1983). The Emergence of Chaos from Classical Economic Growth. *Quarterly Journal of Economics, 98*, S. 201–213.

Dechert, W. D. (1989). *An application of chaos theory to stochastic and deterministic observations.* Department of Economics, University of Houston.

Deneckere, R. und S. Pelikan (1986). Competitive chaos. *Journal of Economic Theory, 40*, S. 13–25.

Devaney, R. L. (1989). *An introduction to chaotic dynamical systems.* 2. Auflage, Addison-Wesley.

Diamond, P. (1976). Chaotic behavior of systems of difference equations. *International Journal of Systems Science, 7*, S. 953–956.

Ebeling, W., H. Engel und H. Herzel (1990). *Selbstorganisation in der Zeit.* Akademie–Verlag, Berlin.

Eckmann, J.-P. (1981). Roads to Turbulence in Dissipative Dynamical Systems. *Review of Modern Physics, 53*, S. 643–654.

Eckmann, J.-P., S. O. Kamphorst, D. Ruelle und S. Ciliberto (1986). Liapunov exponents from time series. *Physical Review A, 34*, S. 4971–4979.

Eckmann, J.-P., S. O. Kamphorst, D. Ruelle und J. Scheinkman (1988). Lyapunov Exponents for Stock Returns. In: *P. W. Anderson* et al., 1988, S. 301–304.

Eckmann, J.-P. und D. Ruelle (1985). Ergodic theory of chaos and strange attractors. *Review of Modern Physics, 57*, S. 617–656.

Engle, R. (1982). *Multivariate ARCH with factor structures: cointegration in variance.* Department of Economics, University of California at San Diego.

Epstein, L. G. (1987). The global stability of efficient intertemporal allocations. *Econometrica*, *55*, S. 329–356.

Falconer, K. J. (1985). *The geometry of fractal dimension.* Cambridge Tracts in Mathematics 85. Cambridge University Press.

Falconer, K. J. (1990). *Fractal Geometry.* Wiley, New York.

Fama, E. F. (1965). The Behavior of Stock Market Prices. *Journal of Business*, *38*, S. 34–105.

Fama, E. F. (1970). Efficient Capital Markets: A Review of Theory and Empirical Work. *Journal of Finance*, *25*, S. 383–417.

Farmer, J. D. (1982). Information Dimension and the Probalistic Structure of Chaos. *Zeitschrift für Naturforschung*, *37a*, S. 1304–1325.

Farmer, J. D., E. Ott und J. A. Yorke (1983). The Dimension of Chaotic Attractors. *Physica D*, *7*, S. 153–180.

Feigenbaum, M. J. (1978). Quantitative Universality for a Class of Nonlinear Transformations. *Journal of Statistical Physics*, *19*, S. 25–52.

Feigenbaum, M. J. (1983). Universal Behavior in Nonlinear Systems. *Physica D*, *7*, S. 16–39.

Frank, M., R. Gencay und T. Stengos (1988). International Chaos? *European Economic Review*, *32*, S. 1569–1584.

Frank, M. und T. Stengos (1988a). Chaotic Dynamics in Economic Time Series. *Journal of Economic Surveys*, *2*, S. 103–133.

Frank, M. und T. Stengos (1988b). Some Evidence Concerning Macroeconomic Chaos. *Journal of Monetary Economics*, *22*, S. 423–438.

Frank, M. und T. Stengos (1988c). The Stability of Canadian Macroeconomic Data as Measured by the Largest Lyapunov Exponent. *Economic Letters*, *27*, S. 11–14.

Fraser, A. M. und H. L. Swinney (1986). Independent coordinates for strange attractors from mutual information. *Physical Review A*, *33*, S. 1134–1140.

Frederickson, P., J. L. Kaplan, E. D. Yorke und J. A. Yorke (1983). The Lyapunov dimension of strange attractors. *Journal of Differential Equations*, *49*, S. 185–207.

Gabisch, G. (1985). Nicht-lineare Differenzengleichungen in der Konjunkturtheorie. In: *G. Gabisch* und *H. Trotha*, 1985, S. 5–25.

Gabisch, G. und H. Trotha, Hrsg. (1985). *Dynamische Eigenschaften nichtlinearer Differenzengleichungen und ihre Anwendungen in der Ökonomie*, GMD-Studien, Nr. 97. St. Augustin.

Geist, K., U. Parlitz und W. Lauterborn (1990). Comparison of Different Methods for Computing Lyapunov Exponents. *Progress of Theoretical Physics*, *83*, S. 875–893.

Gerok, W., Hrsg. (1989). *Ordnung und Chaos in der unbelebten und belebten Natur*, Verhandlungen der Gesellschaft Deutscher Naturforscher und Ärzte; 115. Wissenschaftliche Verlagsgesellschaft, Stuttgart.

Gleick, J. (1987). *Chaos — Making a new Science.* Viking, New York.

Golub, G. H. und C. V. van Loan (1983). *Matrix Computations.* North Oxford Academic, Oxford.

Grandmont, J.-M. (1985). On endogenous competitive business cycles. *Econometrica*, *53*, S. 995–1045.

Grandmont, J.-M. und P. Malgrange (1986). Nonlinear Economic Dynamics. *Journal of Economic Theory*, *40*, S. 3–12.

Granger, C. W. und M. Hatanaka (1964). *Spectral Analysis of Economic Time Series.* Princeton University Press, Princeton.

Grassberger, P. (1981). On the Hausdorff dimension of fractal attractors. *Journal of Statistical Physics*, *26*, S. 173–179.

Grassberger, P. (1986). Estimating the fractal dimensions and entropies of strange attractors. In: *A. V. Holden*, 1986, S. 291–311.

Grassberger, P. und I. Procaccia (1983a). Characterization of Strange Attractors. *Physical Review Letters*, *50*, S. 346–349.

Grassberger, P. und I. Procaccia (1983b). Estimating the Kolmogorov entropy from a chaotic signal. *Physical Review A*, *28*, S. 2591–2593.

Grassberger, P. und I. Procaccia (1983c). Measuring the strangeness of strange attractors. *Physica D*, *9*, S. 189–208.

Grassberger, P. und I. Procaccia (1984). Dimensions and Entropies of Strange Attractors from a Fluctuating Dynamic Approach. *Physica D*, *13*, S. 34–54.

Grebori, C., E. Ott, S. Pelikan und J. A. Yorke (1984). Strange Attractors that are not Chaotic. *Physica D*, *13*, S. 261–268.

Greenside, H. S., A. Wolf, J. Swift und T. Pignataro (1982). Impracticality of a Box–Counting Algorithm for Calculating the Dimensionality of Strange Attractors. *Physical Review A*, *25*, S. 3453–3456.

Grenander, U. und M. Rosenblatt (1957). *Statistical Analysis of Stationary Time Series.* Wiley, New York.

Großmann, S. und S. Thomae (1977). Invariant Distributions and Stationary Correlation Functions of One–Dimensional Discrete Processes. *Zeitschrift für Naturforschung*, *32a*, S. 1353–1363.

Guckenheimer, J. und P. Holmes (1983). *Nonlinear oscillations, dynamical systems, and bifurcation of vector fields.* Springer, New York.

Guckenheimer, J., J. Moser und S. E. Newhouse, Hrsg. (1980). *Dynamical Systems*, Progress in Mathematics, No. 8. Birkhäuser, Boston.

Haken, H. (1983). *Advanced Synergetics.* Springer, Berlin.

Hannan, E. J. (1970). *Multiple Time Series.* Wiley, New York.

Hao, B.-L., Hrsg. (1984). *Chaos.* World Scientific, Singapore.

Hao, B.-L. (1989). *Elementary Symbolic Dynamics and Chaos in Dissipative Systems.* World Scientific, Singapore.

Hao, B.-L., Hrsg. (1990). *Chaos II.* World Scientific, Singapore.

Helleman, R. H. G., Hrsg. (1980). *Nonlinear Dynamics*, Annals of the New York Academy of Sciences, No. 357. New York Academy of Science, New York.

Hénon, M. (1976). A two dimensional mapping with a strange attractor. *Communications of Mathematical Physics*, *50*, S. 69–77.

Hinich, M. J. (1982). Testing for Gaussianity and Linearity of a Stationary Time Series. *Journal of Time Series Analysis*, *3*, S. 169–176.

Hinich, M. J. und D. M. Patterson (1985). Evidence of nonlinearity in daily stock returns. *Journal of Business and Economic Statistics*, *3*, S. 69–77.

Hinich, M. J. und D. M. Patterson (1989). Evidence of nonlinearity in the trade–by–trade stock market return process. In: *W. A. Barnett* et al., 1989, S. 383–409.

Holden, A. V., Hrsg. (1986). *Chaos.* Manchester University Press, Manchester.

Hsieh, D. (1989). Testing for Nonlinear Dependence in Daily Foreign Exchange Rates. *Journal of Business*, *62*, S. 339–368.

Hsieh, D. (1991). Chaos and Nonlinear Dynamics: Application to Financial Markets. *Journal of Finance, 46*, S. 1839–1877.

Hsieh, D. und B. LeBaron (1991). Small sample properties of the BDS statistic. In: *W. A. Brock* et al., 1991.

Iooss, G., R. Helleman und R. Stora, Hrsg. (1983). *Chaotic Behavior of Deterministic Systems.* North-Holland, Amsterdam.

Jenkins, G. M. und D. G. Watts (1968). *Spectral Analysis and its Applications.* Holden-Day, San Francisco.

Jensen, R. V. (1987). Classical Chaos. *American Scientist, 75*, S. 168–181.

Jensen, R. V. und R. Urban (1984). Chaotic price behavior in a non-linear cobweb model. *Economics Letters, 15*, S. 235–240.

Jetschke, G. (1989). *Mathematik der Selbstorganisation.* Deutscher Verlag der Wissenschaften, Berlin.

Kaplan, J. L. und J. A. Yorke (1978). Chaotic behavior of multidimensional difference equations. In: H.-O. Peitgen und H. O. Walter, Hrsg., *Functional Differential Equations and the Application of Fixed Points*, Lecture Notes in Mathematics, No. 730, S. 228-237. Springer, Berlin.

Kaplan, J. L. und J. A. Yorke (1979). Preturbulence: A Regime Observed in a Fluid Flow Model of Lorenz. *Communications in Mathematical Physics, 67*, S. 93–108.

Kelsey, D. (1988). The Economics of Chaos or the Chaos of Economics. *Oxford Economic Papers, 40*, S. 1–31.

Kendall, M. G., A. Stuart und J. K. Ord (1983). *The Advanced Theory of Statistics, Volume 3.* Griffin, London.

Kolmogorov, A. N. (1958). Eine neue metrische Invariante transitiver dynamischer Systeme und Automorphismen von Lebesque–Räumen. *Doklady Akademii Nauk SSSR, 119*, S. 861–864.

Kolmogorov, A. N. (1959). Über die Entropie zur Zeit Eins als metrische Invariante von Automorphismen. *Doklady Akademii Nauk SSSR, 124*, S. 768–771.

König, H. und J. Wolters (1972). *Einführung in die Spektralanalyse ökonomischer Zeitreihen.* Hain, Meisenheim.

Kreutzer, E. (1987). *Numerische Untersuchung nichtlinearer dynamischer Systeme.* Springer, Berlin.

Kugler, P. und C. Lenz (1990). Sind Wechselkursfluktuationen zufällig oder chaotisch. *Schweizerische Zeitschrift für Volkswirtschaft und Statistik*, *2*, S. 113–128.

Kurts, J. und H. Herzel (1987). An attractor in a solar time series. *Physica D*, *25*, S. 165–172.

Ledrappier, F. (1981). Some Relations Between Dimension and Lyapunov Exponents. *Communications in Mathematical Physics*, *81*, S. 229–238.

Ledrappier, F. und L.-S. Young (1985). The metric entropy of diffeomorphisms: Part I: Characterization of measures satisfying Pesin's entropy formula; Part II: Relations between entropy, exponents and dimension. *Annals of Mathematics*, *122*, S. 509–539 und 540–574.

Leiner, B. (1978). *Spektralanalyse ökonomischer Zeitreihen*. Gabler, Wiesbaden.

Leven, R. W., B.-P. Koch und B. Pompe (1989). *Chaos in dissipativen Systemen*. Akademie–Verlag, Berlin.

Li, T.-Y. und J. A. Yorke (1975). Period three implies chaos. *American Mathematical Monthly*, *82*, S. 985–992.

Liebert, W., K. Pawelzik und H.-G. Schuster (1991). Optimal Embeddings of Chaotic Attractors from Topological Considerations. *Europhysics Letters*, *14*, S. 521–526.

Lorenz, E. N. (1963). Deterministic non–periodic flow. *Journal of the Atmospheric Sciences*, *20*, S. 130–141.

Lorenz, H.-W. (1985). Some Remarks on Chaos, Econometric Predictability and Rational Expectations. In: *G. Gabisch* und *H. Trotha*, 1985, S. 39–58.

Lorenz, H.-W. (1987a). International Trade and the Possible Occurence of Chaos. *Economics Letters*, *23*, S. 135–138.

Lorenz, H.-W. (1987b). Strange Attractors in a Multisector Business Cycle Model. *Journal of Economic Behavior and Organization*, *8*, S. 397–411.

Lorenz, H.-W. (1988a). Neuere Entwicklungen in der Theorie dynamischer ökonomischer Systeme. *Jahrbücher für Nationalökonomie und Statistik*, *204/4*, S. 295–315.

Lorenz, H.-W. (1988b). Spiral–Type Chaotic Attractors in Low–Dimensional Continuous–Time Business Cycle Models. Arbeitspapier, Universität Göttingen.

Lorenz, H.-W. (1989). *Nonlinear Dynamical Economics and Chaotic Motion.* Springer, Berlin.

Lovejoy, S. (1982). Area-Perimeter Relation for Rain and Cloud Areas. *Science*, *216*, S. 185–187.

Lyapunov, A. M. (1949). *Problème Général de la Stabilité du Movement.* Princeton University Press, Princeton.

Mañé, R. (1981). On the dimension of the compact invariant set of certain nonlinear maps. In: *D. A. Rand* und *L. S. Young*, 1981, S. 230–241.

Mackey, M. C. und L. Glass (1977). Oscillation and Chaos in Physiological Control Systems. *Science*, *197*, S. 287–289.

Malraison, B., P. Atten, P. Bergé und M. Dubois (1983). Dimension of strange attractors: an experimental determination for the chaotic regime of two convective systems. *Journal de Physique Lettres*, *44*, S. L-897–L-902.

Mandelbrot, B. (1968). The Variation of Certain Speculative Prices. *Journal of Business*, *36*, S. 394–419.

Mandelbrot, B. (1969). The Variation of Some Other Speculative Prices. *Journal of Business*, *40*, S. 393–413.

Mandelbrot, B. (1977). *Fractals — Form, Chance, and Dimension.* W. H. Freeman, San Francisco.

Mandelbrot, B. (1983). *The Fractal Geometry of Nature.* W. H. Freeman, San Francisco.

Manneville, P. (1990). *Dissipative Structures and Weak Turbulence.* Academic Press, San Diego.

Marimon, R. (1989). Stochastic turnpike property and stationary equilibrium. *Journal of Economic Theory*, *47*, S. 282–306.

Marotto, F. R. (1978). Snap-Back Repellers Imply Chaos in $\mathbb{R}^n$. *Journal of Mathematical Analysis and Applications*, *63*, S. 199–223.

Marshall, A. (1961). *Principles of Economics.* 9. Auflage, Macmillan, London.

Martienssen, W. (1989). Gesetz und Zufall in der Natur. In: *W. Gerok*, 1989, S. 77–99.

Maxwell, J. C. (1981). *Substanz und Bewegung.* Vieweg, Braunschweig.

May, R. M. (1976). Simple mathematical models with very complicated dynamics. *Nature*, *261*, S. 459–467.

Mayer-Kress, G., Hrsg. (1986). *Dimension and entropies in chaotic systems; Quantification of complex behavior, Springer–Series in Synergetics No. 32.* Springer, Berlin.

Merz, J. (1979). Prognosegüte und Spektraleigenschaften ökonomischer Modelle. In: S. Stöppler, Hrsg., *Dynamische ökonomische Systeme*, S. 31–66. Gabler, Wiesbaden.

Milnor, J. (1985). On the Concept of Attractor. *Communications in Mathematical Physics*, *99*, S. 177–195.

Misiurewicz, M. (1981). Absolutely Continuous Measures for Certain Maps of an Interval. *Mathematical Publications I.H.E.S.*, *53*, S. 17–34.

Nelson, D. (1991). Conditional Heteroskedasticity in Asset Returns: A New Approach. *Econometrica*, *59*, S. 347–370.

Newhouse, S. E. (1980). Lectures on Dynamical Systems. In: *J. Guckenheimer* et al., 1980, S. 1–113.

Nusse, H. E. (1987). Asymptotically Periodic Behaviour in the Dynamics of Chaotic Mappings. *SIAM Journal of Applied Mathematics*, *47*, S. 498–515.

Oseledeč, V. I. (1968). A multiplicative ergodic theorem: Liapunov characteristic numbers for dynamical systems. *Transactions of the Moscow Mathematical Society*, *19*, S. 197–221.

Ott, E. (1981). Strange Attractors and Chaotic Motion of Dynamical Systems. *Review of Modern Physics*, *53*, S. 655–671.

Ovid (1989). Metamorphosen. In: G. Fink, Hrsg., *Metamorphosen.* Artemius Verlag, München.

Packard, N. H., J. P. Crutchfield, J. D. Farmer und R. S. Shaw (1980). Geometry from a time series. *Physical Review Letters*, *45*, S. 712–716.

Perko, L. (1991). *Differential Equations and Dynamical Systems.* Springer, Berlin.

Pesin, Y. B. (1977). Characteristic Lyapunov exponents and smooth ergodic theory. *Russian Mathematical Surveys*, *32*, S. 55–114.

Pesin, Y. B. (1978). Families of invariant manifolds corresponding to non–zero characteristic exponents. *Mathematics of the USSR, Izvestija*, *10*, S. 1261–1305.

Peters, E. E. (1991). *Chaos and Order in the Capital Markets.* Wiley, New York.

Pomeau, Y. und P. Manneville (1981). Intermittent Transition to Turbulence in Dissipative Dynamical Systems. *Communications in Mathematical Physics, 74*, S. 189–197.

Puu, T. (1987). Complex Dynamics in Continuous Models of the Business Cycle. In: *D. Batten* et al., 1987, S. 227–259.

Radzicki, M. J. (1990). Institutional Dynamics, Deterministic Chaos, and Self-Organizing Systems. *Journal of Economic Issues, 24*, S. 57–102.

Ramsey, J., C. Sayers und P. Rothman (1990). The statistical properties of dimension calculations using small data sets: some economic applications. *International Economic Review, 31*, S. 991–1020.

Ramsey, J. und H.-J. Yuan (1989). Bias and error bars in dimension calculations and their evaluation in some simple models. *Physics Letters A, 134*, S. 287–297.

Rand, D. A. und L. S. Young, Hrsg. (1981). *Dynamical Systems and Turbulence*, Lecture Notes in Mathematics, No. 898. Springer, Berlin.

Rényi, A. (1977). *Wahrscheinlichkeitsrechnung, mit einem Anhang über Informationstheorie.* 5. Auflage, Deutscher Verlag der Wissenschaften, Berlin.

Rössler, O. E. (1976). An Equation for Continuous Chaos. *Physics Letters A, 57*, S. 397–398.

Rössler, O. E. (1983). The Chaotic Hierarchy. *Zeitschrift für Naturforschung, 38a*, S. 788–801.

Roux, J.-C., R. H. Simoyi und H. L. Swinney (1983). Observation of a strange attractor. *Physica D, 8*, S. 257–266.

Ruelle, D. (1978). An inequality for the entropy of differentiable maps. *Boletín de la Sociedad Brasileña Matematicás, 9*, S. 83–87.

Ruelle, D. (1980). Strange Attractors. *Mathematical Intelligencer, 2*, S. 126–137.

Ruelle, D. (1989). *Chaotic evolution and strange attractors.* Cambridge University Press, Cambridge.

Ruelle, D. und F. Takens (1971). On the Nature of Turbulence. *Communications in Mathematical Physics, 20*, S. 167–192.

Russel, D. A., J. D. Hanson und E. Ott (1980). Dimension of Strange Attractors. *Physical Review Letters, 45*, S. 1175–1178.

Ryan, A. (1987). *The Philosophy of John Stuart Mill.* MacMillan, London.

Sarkovskii, A. N. (1964). Coexistence of Cycles of a Continuous Map of a Line into Itself. *Ukrainian Mathematical Journal, 16*, S. 61–71.

Savit, R. (1988). When random is not random: An introduction to chaos in market prices. *Journal of the Futures Markets, 8*, S. 271–289.

Scheinkman, J. A. und B. LeBaron (1989a). Nonlinear dynamics and GNP data. In: *W. A. Barnett* et al., 1989, S. 213–227.

Scheinkman, J. A. und B. LeBaron (1989b). Nonlinear dynamics and stock returns. *Journal of Business, 62*, S. 311–337.

Schröder, R. (1985). Chaotisches Verhalten von Differenzengleichungen. In: *G. Gabisch* und *H. Trotha*, 1985, S. 143–155.

Schuster, H.-G. (1988). *Deterministic Chaos — An Introduction.* 2. rev. Auflage, VCH, Weinheim.

Seifritz, W. (1987). *Wachstum, Rückkopplung und Chaos.* Hanser, München.

Shaffer, S. (1991). Structural shifts and the volatility of chaotic markets. *Journal of Economic Behavior and Organization, 15*, S. 201–214.

Shannon, L. E. (1948). A mathematical theory of communication. *The Bell System Technical Journal, 27*, S. 379–423 und 623–656.

Shaw, R. S. (1981). Strange attractors, chaotic behavior and information flow. *Zeitschrift für Naturforschung, 36A*, S. 80–112.

Shimada, I. und T. Nagashima (1979). A Numerical Approach to Ergodic Problems of Dissipative Dynamical Systems. *Progress of Theoretical Physics, 61*, S. 1605-1616.

Sinai, Y. G. (1976). *Introduction to Ergodic Theory.* Princeton University Press, Princeton.

Sinaj, Y. G. (1959). Zum Begriff der Entropie dynamischer Systeme. *Doklady Akademii Nauk SSSR, 124*, S. 768-771.

Sinaj, Y. G. (1972). Gibbs measures in ergodic theory. *Russian Mathematical Surveys, 27, July-August 1972*, S. 21–69.

Singer, D. (1978). Stable Orbits and Bifurcations of Maps on the Intervall. *SIAM Journal of Applied Mathematics, 35*, S. 260–267.

Stahlecker, P. und K. Schmidt (1991). Chaos und sensitive Abhängigkeit in ökonomischen Prozessen. *Zeitschrift für Wirtschafts- und Sozialwissenschaften, 111*, S. 187–206.

Sterman, J. D. (1989). Deterministic Chaos in an Experimental Economic System. *Journal of Economic Behavior and Organization, 12*, S. 1–28.

Straub, M. und A. Wenig (1985). The Introduction of Monetary and Non-Monetary Forces in the Business Cycle: A simple Neo-Austrian Model. In: *G. Gabisch* und *H. Trotha*, 1985, S. 59–84.

Stutzer, M. (1980). Chaotic Dynamics and Bifurcation in a Macro-Model. *Journal of Economic Dynamics and Control, 2*, S. 353–376.

Tabor, M. (1989). *Chaos and Integrability in Nonlinear Dynamics.* Wiley, New York.

Takens, F. (1981). Detecting Strange Attractors in Turbulence. In: *D. A. Rand* und *L. S. Young*, 1981, S. 366–382.

Thompson, J. M. T. und H. B. Stewart (1986). *Nonlinear Dynamics and Chaos.* Wiley, New York.

Tsay, R. (1986). Nonlinearity Tests for Time Series. *Biometrika, 73*, S. 461–466.

Turán, P., Hrsg. (1976). *Selected Papers of Alfréd Rényi*, Bd. 1–3. New York, Academic Press.

Vaga, T. (1990). The Coherent Market Hypothesis. *Financial Analysts Journal, 46, Nr. 6*, S. 36–49.

Vastano, J. A. und E. J. Kostelich (1986). Comparison of algorithms for determining Lyapunov exponents from a time series. In: *G. Mayer-Kress*, 1986, S. 100–107.

Walters, P. (1982). *An Introduction to Ergodic Theory.* Springer, New York.

Wei, W. W. S. (1990). *Time Series Analysis.* Addison–Wesley, Redwood City.

Wiggins, S. (1988). *Global Bifurcations and Chaos.* Springer, Berlin.

Wiggins, S. (1990). *Introduction to Applied Nonlinear Physics.* Springer, Berlin.

Wolf, A. (1986). Quantifying Chaos with Lyapunov exponents. In: *A. V. Holden*, 1986, S. 273–290.

Wolf, A. und T. Bessoir (1991). Diagnosing Chaos in the Space Circle. *Physica D, 50*, S. 250–258.

Wolf, A., B. Swift, H. L. Swinney und J. A. Vastano (1985). Determining Lyapunov exponents from a time series. *Physica D*, *16*, S. 285–317.

Young, L.-S. (1981). Capacity of attractors. *Ergodic Theory of Dynamic Systems*, *1*, S. 381–391.

Young, L.-S. (1982). Dimension, entropy and Lyapunov exponents. *Journal of Ergodic Theory of Dynamic Systems*, *2*, S. 109–124.

Young, L.-S. (1984). Dimension, Entropy and Lyapunov Exponents in Differentiable Dynamical Systems. *Physica A*, *124*, S. 639–646.

Stichwortverzeichnis